Das Kaminfeuer und das gute Leben

Jutta von Campenhausen

Das Kaminfeuer und das gute Leben

Wallstein Verlag

Inhalt

Vorwort

Wie soll ich mein Zuhause heizen? Wie bleibt auch im kalten Winter das Wohnzimmer gemütlich warm? Solche Fragen haben aufgrund aktueller Entwicklungen in den letzten Jahren für viele Menschen an Bedeutung gewonnen. Dabei geht es zum einen um den nachhaltigen Umgang mit Ressourcen, Fragen des Klimawandels, Verminderung von Umweltbelastungen und besonders um Luftqualität. Zum anderen geht es aber auch um eine zuverlässige und sichere Wärmequelle im Wohnraum zu tragbaren Kosten. Und nicht zuletzt um ein gemütliches Ambiente, bei dem man sich zu Hause wohlfühlt.

Das vorliegende Buch zeigt, dass das Kaminfeuer nicht nur eine zuverlässige Wärmequelle für das Wohnzimmer ist und dafür erneuerbare Energie im häuslichen Bereich einsetzt, sondern viel mehr Bedeutung hat. In beeindruckender Weise wird gezeigt, dass Holzfeuer ein uraltes Kulturgut ist, ja ein Stück der Menschheitsgeschichte.

Feuer im Haus hat viele Facetten. Das Buch zeigt, wie frühe Forstwirtschaft den heute gebräuchlichen Begriff der Nachhaltigkeit hervorbrachte, welche Erfolge im Bereich Reinhaltung der Luft erzielt wurden, deren Schadstoffbelastung heute die geringste seit Einführung systematischer Aufzeichnungen ist – und es beantwortet eine Frage, die mich selbst seit Kindertagen beschäftigte: Warum konnten Cowboys in Fernsehfilmen ein Streichholz an der Schuhsohle entzünden?

Es geht um mehr als nur technische Betrachtungen. Ein Überblick über die kulturelle Entwicklung der Kamin- und Ofenbaukunst ist kunsthistorisch interessant, und die Betrachtung der Wirkung des Feuerspiels auf das Wohlbefinden der Menschen psychologisch.

So hoffe ich, dass der geneigte Leser in der vorliegenden kleinen Geschichte des Kaminfeuers eine unterhaltsame und auch lehrreiche Lektüre finden mag, die er vielleicht selber vor dem Kaminfeuer bei der wohligen Wärme eines schönen Flammenspiels genießen kann.

Dr. Volker Schmatloch
Vorstand Gerhard Manfred Rokossa Stiftung

Glühendes Gestein bricht sich bei einem Vulkanausbruch Bahn.

Kapitel 1

Einführung: Faszination Feuer

Das älteste Spektakel des Universums

Das flackernde Licht, das rötlich und golden über die Gesichter huscht, hier eine Wange leuchten lässt, dort kurz in den Augen funkelt, lässt lebendige Schatten über Menschen wandern, die versunken in die Flammen schauen. Die Wärme, die Glut und Flammen ausstrahlen, das Knacken, Knistern und Prasseln. Die Wolke aus tausend Lichtpunkten, die aufstiebt, wenn ein Scheit ins Glutbett fällt – Feuer ist ein archaisches Spektakel, magisch, faszinierend, meditativ und einzigartig.

Wir sind Feuerwesen auf einem Feuerplaneten. Die Erde ist – soweit wir wissen – der einzige Planet, auf dem Feuer existiert. Auf Jupiter gibt es Blitze, auf dem Mars Spuren von Sauerstoff, aber nur die Erde hat das, was es für Feuer und für Leben braucht: Algen in den Ozeanen produzieren den Sauerstoff, Pflanzen auf der Erde sorgen für fossile Brennstoffe und Holz. Beides braucht das Feuer: den Brennstoff, der es nährt, und den Sauerstoff aus der Luft.

Feuer ist ein Verbrennungsprozess, der Wärme und Licht freisetzt. Dabei löst er die Strukturen organischer Substanzen auf und reduziert sie zu Asche und Rauch. Der Vorgang ist zerstörerisch und unumkehrbar. Und Feuer hat die seltene Eigenschaft, sich selbst zu erzeugen: Es verursacht Hitze, und Hitze verursacht Feuer.

Unser Feuerplanet hat nicht nur Flammenmeere hervorgebracht, sondern auch eine Kreatur, die Feuer entzünden, lenken und löschen kann. Der Mensch und die Kunst der Feuerkontrolle entwickelten sich gemeinsam, und gemeinsam formten sie die Erde. Ohne Feuer wären weder die Menschheit noch die Erde das, was sie sind. Ob uns das in den Knochen steckt, wenn Großstadtväter mit ihren Kindern losfahren, um ein Lagerfeuer zu entfachen, wenn Kinder gegen alle Verbote heimlich kokeln, wenn das schickste Accessoire für die Dachterrasse eine Feuerschale ist und der begehrteste Platz im Haus vor dem Kamin?

Sicher ist: Feuer ist auch mit dem modernen Menschen eng verbunden, und die Geschichte der Menschheit ist eine Geschichte der Feuerwesen. Das Streben nach Feuer war von jeher ein Streben nach Macht. Alle Mythen über den Ursprung der Flammen auf Erden belegen das. Prometheus erklärt, indem er den Menschen das Feuer schenkt, er übergebe »alle Künste des Menschen«.

Die Kontrolle über das Feuer verleiht der Gattung Mensch eine einzigartige Macht, die die sonst wenig beeindruckenden, eher langsamen und kaum wehrhaften Wesen aus eigener Kraft niemals erreicht hätten.

Feuer kompensiert nicht nur die Schwäche der Primaten ohne Klauen, Reißzähne oder Panzer, indem es überlegene Raubtiere abschreckt und verjagt. Es macht Ungenießbares und sogar Giftiges essbar. Hitze und Rauch konservieren verderbliche Nahrung. Die Flammen bereiten nahrhaften Gräsern, Knollen und Kräutern den Boden, erleichtern die Treibjagd, härten Pfeilspitzen und Speere. Lichte Brände vertreiben die Schrecken der Nacht, verlängern die Wachphasen, schaffen Arbeitsteilung und Zusammenhalt in der

Blitze sind die Anzünder der Natur.

Gruppe. Lagerfeuer bilden die Bühne für das Erzählen von Mythen und Märchen und für religiöse Zeremonien.

Ultimatives Risiko: Das Spiel mit dem Feuer

So groß wie der Zauber und die Macht des Feuers ist aber auch die Gefahr, die von ihm ausgeht. Schlecht gehütet kann ein häusliches Feuer ausbrechen und Vernichtung und Tod über die Gruppe bringen, die es schuf. Menschen kontrollieren die Flammen, doch das Feuer kontrolliert auch die Menschen. Feuersbrünste sind eine stete Bedrohung, seit es Menschen und Feuer gibt.

Brandgefahr bestimmt bis heute, wie wir leben. Feuermelder und Brandmauern, Notausgänge, Feuertreppen, Feuerwehren und Feuerversicherungen sind Zeichen dafür.

Mit der Macht der Flammen kam auch die enorme Aufgabe, die Naturgewalt zu kontrollieren. Selbst in der Moderne gelingt das nicht in befriedigender Weise, und das »Spiel mit dem Feuer« steht sprichwörtlich für leichtfertigen Umgang mit großer Gefahr.

Der US-amerikanische Umwelthistoriker Stephen Pyne schreibt fast pathetisch: »Mit der Macht kam die Wahlfreiheit, und mit Wahlmöglichkeiten betrat das menschengemachte Feuer das moralische Universum.«[1] Die Macht, die er meint, ist das zerstörerische Potenzial des Feuers, dem keine ebenbürtige Kontrollmöglichkeit gegenübersteht. Ein Streichholz genügt, um einen Großbrand auszulösen, aber kein Mittel der Welt vermag eine Feuersbrunst mit einem Streich zu beenden.

Feuer kam ohne Anleitung, ohne Steintafeln mit zehn Regeln für den guten Gebrauch. In allen Teilen der bewohnten Welt entwickelten Menschen eigene Methoden, um Feuer zu erzeugen, zu bewahren, zu nutzen und einzudämmen. Die Aborigines rotteten mit ihren Brennmethoden vermutlich die australische Megafauna aus, wussten aber mit kontrollierten Grasfeuern Großbrände zu verhindern. Die verbotene Stadt – der Bezirk der kaiserlichen Paläste in Peking – brannte schon im zweiten Jahr nach ihrem Bau 1420 und seitdem nahezu jährlich, die Halle höchster Harmonie fing bereits 100 Tage nach ihrer Einweihung durch einen Blitz Feuer. Deshalb wurden über 300 gewaltige Wassertöpfe aufgestellt. Die aufwendigsten sind die 18 vergoldeten Kupferkessel vor dem Hauptpalast. Die 300 Feuer, die das Löschwasser im Winter eisfrei hielten, sollen mitverantwortlich für die Entwaldung Chinas sein.

Die Byzantiner entwickelten mit dem »griechischen Feuer« eine brennende Fernwaffe. Vermutlich war es eine

Vergoldete Kessel halten das Löschwasser von den Palästen der verbotenen Stadt in Peking.

Mischung aus Petroleum, Harz, Schwefel und anderen Stoffen, die mit Pumpen und Rohren auf Gegner abgefeuert wurde und mit Wasser nicht zu löschen war. In Ägypten wurden bereits 1200 Jahre vor Christus Löscharbeiten in Hieroglyphen dokumentiert. Berichte über Feuerzeuge und Brennmaterial, Feuerriten und Feuertechnik füllen Regalmeter. Auf jedem Fleck Erde schufen Menschen eigene Praktiken für den Umgang mit den Flammen.

Dazu gehören Feuer, die die Landschaft formen, Fertigkeiten, Feuer zu nutzen, Mittel und Bauten, die es eindämmen und schützen, sowie Menschen, die die Aufgabe haben, das Feuer zu hüten. Kaum ein Ritus, kaum ein Heiligtum kommt ohne Flammen aus. Das Feuer im Tempel

Flammen verleihen religiösen Riten eine mystische Atmosphäre.

der Vesta galt im antiken Rom als Sinnbild für die Stabilität Roms. Die Vestalinnen, die das heilige Herdfeuer hüteten und nährten, spielten deshalb eine wichtige Rolle in der römischen Religion und Gesellschaft.

Auch das olympische Feuer, schamanische Feuer oder Opferbrände, Räucherwerk in Tempeln, Osterfeuer und Kerzen in Kirchen sind bis heute nicht durch LED zu ersetzen.

Pyne spricht von einer »verrückt machenden« Symbiose des Feuers mit dem Menschen. Das Versprechen der Flammen sei die ultimative Verschmelzung von Natur und Kultur. Es geht aber auch eine Nummer kleiner: Für uns moderne Menschen ist und bleibt Feuer eine Quelle von Wärme, Wohlgefühl und Gemeinschaft. Die Energiekrise hat das Thema Holzfeuer im Haus rasant populär gemacht.

Ob als alternative und unter Umständen klimaneutrale Heizmöglichkeit oder als stylischer Stimmungsmacher, Feuer im Wohnzimmer sorgt auch im modernsten Haus für Atmosphäre, fasziniert jedermann und ist vor allem eines: anziehend.

Seit es Pflanzen auf der Erde gibt, gibt es Brände.

Kapitel 2

Warm, satt und erfolgreich: Wie das Feuer den Menschen zum Menschen machte

Die Zähmung des Feuers

»Zum Glück gibt es auf der Erde Feuer. Trockenes pflanzliches Material hat eine faszinierende Eigenschaft: Es brennt. In einer Welt voller Steine, Tiere und üppiger Vegetation spendet uns trockenes, brennbares Holz Wärme und Licht, sodass unsere Spezies nicht gezwungen ist, wie die anderen Tiere zu leben. Wir vergessen leicht, wie ein Leben ohne Feuer wäre. Die Nächte wären kalt, finster und gefährlich, und wir müssten hilflos auf den Sonnenaufgang warten. Alles, was wir äßen, wäre roh. Kein Wunder, dass wir uns in der Nähe einer Feuerstelle behaglich fühlen.« Das schreibt der Primatenforscher und Anthropologe Richard Wrangham in seinem Buch »Feuer fangen«.[2] Darin entwickelt er die These, dass die Fähigkeit zu kochen den Menschen zum Menschen machte.

Sicher ist, dass der Mensch das einzige Lebewesen ist, das Feuer aktiv nutzt, während Tiere Flammen und Glut in der Regel fliehen. Feuer spielt bei der Entwicklung zahlreicher menschlicher Eigenschaften eine wichtige Rolle. Gleichzeitig ist das Feuer schmerzhaft und destruktiv. Es kann verletzen, töten und Natur wie menschliches Werk vernichten.

Was unsere Vorfahren dazu gebracht hat, diese gefährliche, zerstörerische Macht zu bändigen und zu einem wichtigen Bestandteil ihrer Kultur zu machen, bleibt ungewiss. Die Zähmung und der Gebrauch des Feuers gelten als wichtigstes Attribut des Menschseins. Darwin schreibt: »Die Entdeckung des Feuers, wahrscheinlich die größte, die jemals von Menschen mit Ausnahme der Sprache gemacht wurde, ist älter als der Anbruch der Geschichte.«[3]

Anthropologen vor allem in Deutschland und Großbritannien beschäftigten sich ausgiebig mit der Beherrschung des Feuers und ihrer Bedeutung für einzelne Völker und die Menschheit. Die Geschichten über Völker, die angeblich die Kunst der Feuerkontrolle nicht beherrschten, widerlegte Darwins jüngerer Zeitgenosse Edward B. Tylor.[4] Offenbar gibt es auf der Erde keine menschliche Gruppe, die das Feuer nicht zu nutzen weiß.

Der niederländische Soziologe Johan Goudsblom widmete der Rolle des Feuers für die Zivilisation ein ganzes Buch.[5] Darin beschreibt er die Fähigkeit, mit Feuer umzugehen, als einzige universale menschliche Errungenschaft. Denn Werkzeuggebrauch und selbst einfache Formen von Sprache finden sich auch bei nicht menschlichen Primaten.

Feuer als Naturgewalt

Das Feuer ist älter als der Mensch, und seit es Wald auf der Erde gibt, gibt es auch Waldbrände. Forscher haben Holzkohlesedimente gefunden, die 440 Millionen Jahre alt sind. In den schier unvorstellbaren Zeiträumen danach, in denen Schachtelhalme, Baumfarne und schließlich Dinosaurier den Planeten bewohnten, gab es Phasen mit extrem vielen und großen Feuern. Grund dafür war der Sauerstoffgehalt der Atmosphäre.

Heute besteht Luft zu 21 Prozent aus Sauerstoff. Das ermöglicht Feuer, allerdings muss der Brennstoff trocken sein.

Viele Ökosysteme profitieren von Bränden, die schnell durchs Unterholz ziehen.

345 Millionen Jahre vor unserer Zeit war die Sauerstoffkonzentration sehr viel höher – vermutlich weil Photosynthese treibende Algen eine Blüte erlebten und so viel Sauerstoff produzierten, dass er über 30 Prozent der Luft ausmachte.[6] In dieser Luft brannten auch nasse Pflanzen. Erst vor rund 300 Millionen Jahren im Perm und im Trias sanken der Sauerstoffgehalt und damit die Feueraktivität wieder ab.

Als vor 3 bis 5 Millionen Jahren der Mensch auf den Plan trat, brannten nur trockenes Gestrüpp, Gras und Holz. Trotzdem gab es kaum Gegenden (wie die Polarregionen und Wüsten), die nicht immer wieder von Feuern heimgesucht wurden – sei es als von Folge von Blitzschlägen oder von Vulkanausbrüchen.

Hominiden und Menschen mussten also nicht weit laufen, um das Feuer zu »entdecken«. Im Gegenteil. Vermutlich haben unsere Vorfahren Buschfeuer wie Schneestürme, Regen oder Hitze als Ereignis erlebt, dem sie ausgeliefert waren und an das sie sich anpassen mussten, um zu überleben.

Die verheerendsten Feuer waren dabei die Kronenfeuer, die sich schnell über die Wipfel der Bäume ausbreiten. Sie werden sehr heiß und vernichten praktisch die gesamte Vegetation. Kronenfeuer sind allerdings nicht häufig, denn sie entstehen nur, wenn genug brennbares Material unter den Wipfeln ist, um das Feuer zu erhalten.

Meist wird aber nur das trockene Unterholz durch die häufigeren kleineren Feuer zerstört, sogenannte Oberflächenfeuer, die rasend schnell über trockenes Gras, Büsche und Sträucher hinweggehen, Baumstämme nur etwas ansengen und die Wurzeln nicht beschädigen. Sie vernichten trockenes Gestrüpp und senken dadurch das Risiko eines großen Brandes.

Die Langzeiteffekte eines Feuers sind positiv für Wald und Savanne. Für manche Pflanzen ist Feuer sogar lebenswichtig. Die Wissenschaft spricht von »Pyrophyten«. Ein Brand tötet Parasiten und Konkurrenten, düngt den Boden und schafft Platz und Licht.

Auch Tiere profitieren von Buschfeuern – sowohl langfristig als auch unmittelbar. Über den Flammen kreisen Falken und Rotmilane auf der Jagd nach fliehenden Kleintieren. Dass deren naher Verwandter, der Schwarzmilan, jedoch brennende Äste aufnimmt und auf trockenen Wiesen fallen lässt, um Feuer zu legen, ist eine Legende.

Ist das Buschfeuer erloschen, suchen Raubtiere in den schwelenden Überresten nach Beute, Hirsche und Wildrinder lecken gern die salzige Asche, und andere Tiere scheinen einfach die Wärme zu genießen, die der Boden nach dem Brand noch abstrahlt.

Waldbrände werden mit dem Klimawandel vielerorts zur Bedrohung für Mensch und Natur.

Es liegt nahe, dass auch unsere Vorfahren sich so dem Feuer genähert haben. Feuer wurde höchstwahrscheinlich lange Zeit verwendet, bevor es dauerhaft genährt und bewahrt wurde. Es wurde lange Zeit aufbewahrt, bevor jemand herausfand, wie man es *machen* konnte.

Wie genau der Übergang von einer »passiven Nutzung« zu einer aktiven vor sich gegangen ist, weiß niemand. Sicher ist, dass die Hominiden als einzige Lebewesen auf der Erde das Feuer nicht nur nutzten, sondern beeinflussten und schließlich erzeugen und kontrollieren konnten. Das gilt als entscheidender Schritt zur Menschwerdung.

Wir werden nie endgültig wissen, wer wann zuerst das Feuer aktiv zu nutzen lernte. Sicher ist: Es gab eine Zeit, in der einige Gruppen unserer Vorfahren Feuer zu erhalten

Ein Känguru nach den verheerenden Waldbränden in Australien im Jahr 2020.

und nutzen wussten, andere aber noch nicht. Diese Phase, in der die Nutzung von Feuer nicht flächendeckend verbreitet war, könnte der Vermutung des Soziologen Johan Goudsblom zufolge sehr lang gewesen sein.

Feuerkontrolle entwickelt die Gesellschaft

Zu lernen, wie man Feuer in Schach hält und nährt, gilt als früheste Form der Zivilisation. Weil die Menschen die Flammen gezähmt und zu einem (wichtigen) Teil ihrer Gemeinschaften gemacht haben, sind die Gruppen komplexer und die Menschen selbst zivilisierter geworden. »Zivilisation« meint in diesem Zusammenhang den Prozess, der

Nach einem Buschfeuer in Tasmanien schlagen die Eukalyptusbäume wieder aus.

eine Gesellschaft von ihren Vorgängern abhebt. Der Soziologe Norbert Elias schreibt in seinem Buch »Der Prozess der Zivilisation«: »Er fasst alles zusammen, was die abendländische Gesellschaft der letzten zwei oder drei Jahrhunderte vor früheren oder vor ›primitiveren‹ zeitgenössischen Gesellschaften voraus zu haben glaubt. Durch ihn sucht die abendländische Gesellschaft zu charakterisieren, was ihre Eigenart ausmacht und worauf sie stolz ist: den Stand ihrer Technik, die Art ihrer Manieren, die Entwicklung ihrer wissenschaftlichen Erkenntnis oder ihrer Weltanschauung und vieles andere mehr.«[7]

Welche soziologischen, anthropologischen, kulturwissenschaftlichen und archäologischen Thesen und Theorien man auch heranzieht – die Nutzung des Feuers ist in der

Frühphase der Menschheitsgeschichte die ultimative Fertigkeit, die jeden Fortschritt anzeigt. Die Feuerbeherrschung beeinflusst das menschliche Leben und das Zusammenleben der Gruppe massiv. Es macht das Leben bequemer und sicherer, schafft aber auch neue Zwänge und Risiken.

Feuer stellt Ansprüche an seine Nutzer

Dafür zu sorgen, dass das Feuer nicht ausgeht, heißt, Brennstoffvorräte anzulegen und trocken zu halten sowie das Feuer zu sichern. Diese Tätigkeiten waren nicht angeboren, sondern erforderten Lernen und Anstrengung. Wer für das Feuer sorgte, sorgte damit auch für sich selbst und für die Gruppe. Die Wartung des Feuers ist ein sogenann-

Wer hat's erfunden und wann?

In den 1940er-Jahren entdeckte der südafrikanische Paläontologe Raymond Dart Beweise dafür, dass eine Hominidenart schon vor 1,5 Millionen Jahren Feuer kontrollierte.[8] Er nannte die Art, die nicht zu unseren direkten Vorfahren gehört, *Australopithecus prometheus*. Später zog er seine Veröffentlichung zurück. Als ältestes Zeugnis der Feuernutzung galt danach die Höhle von Zukudiem bei Peking, wo der Homo erectus offenbar vor 500.000 Jahren als mutmaßlich erster Primat Feuer gehütet hatte. Auch diese Theorie wurde bald widerlegt. Derzeit werden zwei Fundorte in Afrika als älteste Beweise für den Umgang mit Feuer angesehen: In Chesowanja in Kenia sowie im südafrikanischen Swartkrans sollen Hominiden bereits vor 1,4 bis 1,5 Millionen Jahren Feuer genutzt haben.[9]

Verbrannte Knochen, die in der südafrikanischen Wonderwerk-Höhle gefunden wurden, zeigen, dass ihre Bewohner schon vor über einer Million Jahren das Feuer beherrschten.

tes Umwegverhalten, eine aufgeschobene Bedürfnisbefriedigung, die Planung erfordert. Brennholz zu sammeln machte schließlich weder warm noch satt. Es sorgte aber dafür, dass man später warm und satt wurde. Das zu verstehen und dementsprechend zu handeln, gilt als mentale Voraussetzung für die Zivilisation.

Die französische Archäologin Catherine Perlès betont deshalb in ihrem Buch »Préhistoire du feu«,[10] dass die Entdeckung des Feuers einen geistigen und nicht einen technischen Fortschritt erforderte und bedeutete.

Darüber, wie, wann und warum menschliche Vorfahren Feuer nutzen, gibt es eine Flut an Veröffentlichungen. Die meisten sind klug begründete Vermutungen. Niemand weiß, ob die Menschen das Feuer zuerst nützlich fanden, um räuberische Großkatzen fernzuhalten, um Jagdbeute aus dem Dickicht oder in eine Falle zu treiben oder um Fleisch genießbar und haltbar zu machen.

Manche Anthropologen vermuten, dass es den Menschen ein emotionales Fest war, eine Fläche für den Ackerbau nutzbar zu machen, indem sie sie anzündeten. Manche Funde werden so gedeutet, dass eine »Appropriierung des Landes durch Feuer«, also Aneignung durch Anzünden, die Herrschaft über den Boden zeigte. Beweisbar sind solche Thesen nicht.

Menschliche Feuer formen die Erde

Mit Feuer begannen frühe Menschen, die Erde zu verändern. Die meisten ökologischen Effekte ihrer Koch- und Lagerfeuer, aber auch der Nutzfeuer etwa für die Brandrodung wurden von den dramatischen klimatischen Veränderungen auf der Erde überlagert. Im späten Pleistozän (der Epoche von 2,6 Millionen bis 1200 Jahren vor unserer Zeit) folgte der letzten Zwischeneiszeit eine lange Eiszeit, deren Höhepunkt vor 16.000 bis 23.000 Jahren war. Alle Auswirkungen von menschlichen Verbrennungspraktiken, die heute noch erkennbar sind, stammen aus dem Holozän, der jüngsten Periode der Erdgeschichte, die mit dem Ausklingen dieser letzten Eiszeit vor gut 10.000 Jahren begann.

Nachdem der Eispanzer in den heute gemäßigten Zonen geschmolzen war, konnten dort wieder Bäume wachsen. Archäologen haben Beweise für frühe Abbrenn-Aktionen gefunden. Offenbar begannen die Menschen in den jungen Wäldern mit ihren althergebrachten Verbrennungsmethoden.

Diese »Brandwirtschaft« führte schließlich zur Landwirtschaft.

In manchen Teilen der Welt begann sie erst spät – etwa in Nordamerika, wo die europäischen Siedler eine parkartig offene Landschaft mit wenig Unterholz vorfanden. Die eingeborenen Stämme trieben zweimal im Jahr Feuer über den Waldboden, die Gestrüpp und Unterholz vernichteten. So wurden die Jagdgründe passierbar und der Boden frei für den Anbau von Mais, Bohnen und Kürbis.

Die endlose Prärie, die die Europäer im amerikanischen Mittelwesten vorfanden, hielt man lange Zeit für eine Naturlandschaft, bis klar wurde, dass die indigenen Völker sie durch systematisches Abbrennen der Wälder geformt hatten, um Weideland für die Büffel und Freiflächen für Truthähne und Wachteln zu schaffen, von denen sie lebten. Der Historiker Stephen Pyne stellt fest, dass mit Ausnahme der High Plains das gesamte Weideland in Nordamerika durch den Menschen geschaffen worden war, mithilfe von Feuer: »Es ist das Produkt absichtlicher, routinemäßiger Brände.«[11] Wann immer man die Prärie sich selbst überlässt, wird sie von Büschen und Bäumen überwachsen und schließlich zum Wald. Andere Forscher zeigen, wie die Feuer der Aborigines die Landschaft in Australien formten. Seit 30.000 Jahren werden dort systematisch Brände gelegt und gelenkt.

Kochen als urmenschliche Fähigkeit

Mindestens so wichtig wie fürs Jagen und Roden ist das Feuer zum Kochen. Wann und wie die Flammen unters Essen zogen, ist ebenso wenig sicher nachzuvollziehen wie die Zähmung des Feuers. Das Kochen ist aber eine exklusiv und universell menschliche Fähigkeit, die eine enorme Auswirkung auf die Entwicklung der Spezies hatte und hat. Nur Menschen können kochen und alle menschlichen Gesellschaften, die wir kennen, kochen. Auch die Inuit, von denen man um 1900 noch glaubte, sie äßen rohes Fleisch, ernährten sich ausschließlich von gekochtem Fisch und durchgegartem Fleisch.

Cathèrine Perlès bemerkt, dass »der kulinarische Akt« des Kochens die Trennung von tierischer und menschlicher Welt hervorgebracht habe. Die einfache Reflexkette Hunger – Nahrungssuche – Essen wurde von einem komplexen Zwischenschritt unterbrochen: dem Kochen.[12]

Es erforderte und förderte neue Formen der Zusammenarbeit und Arbeitsteilung. Verschiedene Individuen waren am Jagen, Sammeln und Zubereiten beteiligt. Kochen erforderte Geduld und Aufmerksamkeit. Manche Forscher meinen, dass die Aufmerksamkeit, die das Kochen braucht, den Menschen zur »ersten subtilen und intimen Kenntnis der Materie« verholfen und damit die Basis für die Entwicklung der empirischen Naturwissenschaften gelegt habe.

Das Garen von Nahrung machte es möglich, Dinge zu essen, die roh ungenießbar, unverdaulich oder gar giftig sind. Es half, Fleisch haltbar zu machen (rohes Fleisch ist nach kurzer Zeit verdorben, während kalter Braten sich länger hält). Damit spielt es eine entscheidende Rolle in der Entwicklung menschlicher Zivilisation und Kultur.

Psychologen betonen Aspekte, die über die reine Versorgung mit Energie weit hinausgehen: Sie meinen, dass unsere Art zu essen vom Kochen geformt wurde. Es gehört zum menschlichen Essverhalten, dass die Nahrung mit den Händen zerteilt und nicht mit den Zähnen zerrissen wird. Das wurde möglich, weil erst das Kochen die Fasern weicher und mürber machte. Der Übergang von »oraler« zu

Ein einfaches Feuer reicht, um das Essen zu revolutionieren.

»manueller« Nahrungszerkleinerung gilt als erster Schritt in die Zivilisation der Essgewohnheiten – lange bevor Essstäbchen, Messer und Gabeln entstanden.

Der Gebrauch der Hände und dann der Gebrauch von Werkzeugen, die die Handarbeit übernahmen, machte Essen zu einer differenzierten Tätigkeit. Erörterugen darüber, wie Essgewohnheiten soziale Unterschiede herausbilden, Volksgruppen zusammenhalten, von anderen abgrenzen und Gruppendynamiken schaffen, füllen ganze Bücher.

Der britische Primatenforscher Richard Wrangham hat der Rolle des Kochens bei der Menschwerdung ein ganzes Buch gewidmet.[13] Wrangham erklärt, dass das Essen gekochter Knollen wie Yams, Cassava und Süßkartoffeln das Gehirn auf menschliche Größe wachsen ließ. Es erkläre auch unsere vergleichsweise schwachen Kiefer und die geringen Größenunterschiede zwischen Männchen und Weibchen. Andere Forscher vermuten, dass vor allem gegartes Fleisch die Gehirne unserer Vorfahren vergrößerte. Einig sind sich die Wissenschaftler aber darin, dass eine Diät aus Beeren, Wurzeln und rohem Fleisch nicht ausreicht, um ein so großes Gehirn zu ernähren.

Brasilianische Forscher haben ausgerechnet, dass ein Gorilla zwei Stunden pro Tag länger auf Nahrungssuche gehen und fressen müsste, um ein Gehirn zu nähren, das so groß wie ein menschliches ist.[14] Dazu bräuchte der Affe 122 Milliarden zusätzliche Nervenzellen – und dafür 733 zusätzliche Kalorien am Tag. Die Nervenzellen im menschlichen Schädel verbrauchen 20 Prozent der gesamten Energie des Körpers. Gorillas verbringen bereits acht Stunden des Tages mit Futtersuche und Fressen – mehr ist nicht zu schaffen.

Gekochtes Fleisch, aber auch gekochte Pflanzenteile wie Samen, Früchte, Schoten und Wurzeln liefern mehr Kalorien, weil die Nährstoffe besser aufgenommen werden. Rohkost ist schwer verdaulich, und viele energiereiche Lebensmittel wie Bohnen, Kartoffeln oder Reis sind unerhitzt nicht essbar und zum Teil sogar giftig. Doch selbst mit genießbarem Rohfutter hätten unsere Vorfahren Berechnungen zufolge neun Stunden täglich mit Nahrungssuche und Essen verbringen müssen.

Es ist ein frühes Henne-Ei-Problem: Haben unsere Vorfahren das Kochen entdeckt und so mehr Zeit gefunden, ihre Zivilisation zu entwickeln? Oder führten ihre »zivilisierten« Fähigkeiten dazu, dass sie ihre Ernährung kochend optimierten? Vermutlich beides.

Kochen ist als eine zutiefst menschliche Fertigkeit und kulturelle Errungenschaft im Prozess der Menschwerdung ein essenzieller Baustein. Über Deutung und Detailfragen werden sich Anthropologen vermutlich nie einig werden.

Der französische Anthropologe Claude Lévi-Strauss betont in seinem Buch »Das Rohe und das Gekochte«[15] die These, dass das Kochen gerade nicht notwendig sei, sondern eine kulturelle Handlung. Demnach müssten Menschen ihre Nahrung nicht kochen, sondern tun es aus symbolischen Gründen: Sie zeigen damit, dass sie keine Tiere sind.

Der aufrechte Gang, Werkzeuggebrauch und die soziale Entwicklung sind eine Folge des – durch Feuer ermöglichten – großen Gehirns. Der moderne Mensch mit seinen vergleichsweise schwachen Kiefern, seinen kleinen Zähnen, kleinem Magen und großem Darm ist einem Leben mit Küche angepasst. So sieht es die »Koch-Hypothese«.

Für den amerikanischen Anthropologen Joseph Heinrich überschreitet der Mensch mit dem Kochen den »Rubicon«:[16] Was zuerst da war oder den größeren Einfluss hatte – Kochkunst oder Erfindergeist –, die Nutzung des Feuers markiert in der Menschwerdung den Punkt, ab dem Entwicklung nicht mehr genetisch, sondern kulturell stattfindet. Neuerungen für die Spezies, die Feuer machen und kochen kann, sind nicht mehr anatomischer Natur. Die Entwicklung zeigt sich jetzt in neuen Fertigkeiten und Werkzeugen.

Funken und Flammen bilden seit jeher den Mittelpunkt für menschliche Zusammenkünfte.

Kapitel 3

Wie das Lagerfeuer ins Haus einzog

Mensch und Feuer werden sesshaft

Feuer war seit seiner Domestizierung eine universelle Energiequelle. Es wärmt die Menschen, die sich darum scharen, gart das Fleisch, das auf Spießen darüber brät, und mit seinem Licht vertreibt es wilde Tiere und beleuchtet die Bühne für Erzählungen und rituelle Handlungen.

Ob in der Steppe, in einer Höhle oder unter einem Felsüberhang – in der Frühphase des Menschen musste vermutlich ein Feuer für eine ganze Gruppe und für alle Zwecke herhalten. Da es mühsam ist, ein Feuer zu erhalten, mitzunehmen oder neu zu entfachen, gilt es als wichtiger Faktor bei der Sesshaftwerdung. Die ersten Behausungen waren nicht nur Schutz vor Wetter und Raubtieren, sondern auch feste Feuerstellen.

Warum wurden Menschen überhaupt sesshaft? Die gängige Theorie besagt, dass das Wild knapp wurde, als sich gegen Ende der letzten Eiszeit das Klima veränderte. Deshalb hätten die Menschen neue Nahrungsquellen gesucht und über Jahrtausende Gräser zu modernen Getreidesorten herangezüchtet. Sehr einleuchtend ist das nicht. Der Zoologe Josef Reichholf hat ausgerechnet, dass eine Person drei Kilo der anfangs wenig ergiebigen Gräser gebraucht hätte, um den täglichen Energiebedarf zu decken.[17] Das entspricht 5 Tonnen pro Familie und Jahr. Ackerbau war also nicht nur mühsamer und unergiebiger, sondern damit auch ein sehr unwahrscheinlicher Grund, das Herumstreifen aufzugeben.

Es ist nicht einzusehen, warum im Zweistromland, wo der Ackerbau erfunden wurde, das Wild knapp gewesen sein sollte. In Südamerika begannen die Menschen Jahrtausende später mit dem Ackerbau. Sie verwendeten dabei ganz andere Pflanzen und züchteten keine Haustiere. In Australien fanden die Ureinwohner nie zur Landwirtschaft.

Reichholf vertritt die plausible These, dass nicht Hunger, sondern Überfluss das Vagabundenleben mühsam machte. Die Menschen von damals hatten immer mehr Gegenstände, die sie mitschleppen mussten: Tonkrüge, Waffen, Felle, Körbe und Steinwerkzeuge sind schweres Gepäck – vom Feuer ganz zu schweigen.

Lange vor der Erfindung des Brots bauten Menschen Gerste zum Bierbrauen an, sie sammelten Vorräte in Tonkrügen. Getreide wurde, nachdem Menschen sesshaft geworden waren, vermutlich lange nur zum Bierbrauen verwendet. Erst später kam man auf die Idee, die Körner zu mahlen und als Brei oder gar als gebackene Fladen zu verzehren.

Und das Feuer? Sicher ist, dass das Feuer unsere Vorfahren schon früh begleitete, schließlich hätte sich das menschliche Gehirn ohne gegarte Nahrung nicht so groß entwickeln können. Weil die Spuren eines einfachen Feuers kaum Hundertausende Jahre überdauern, fehlt allerdings der Nachweis, wann und von wem das Feuer wie genutzt wurde. »No evidence, no discussion«, schreibt Frances Burton lakonisch über die wissenschaftliche Behandlung der Beziehung von Mensch und Feuer.[18] Immerhin haben Archäologen alte Feuerstellen gefunden, die durch angebrannte Steine und Kohlereste kenntlich sind, und Hinweise, die nahelegen, dass unsere Vorfahren schon vor über einer Million Jahren mit Feuer hantierten.

Bis ins 19. Jahrhundert wurde in Europa auf offenem Feuer gekocht.

Der Schwibbogenherd leitet den Rauch ins Gebälk, wo der Schinken räuchert.

Solange es keine befestigten, geschweige denn gemauerten Feuerstellen und Herde gab, müssen Stellen mit gebackenem oder geschwärztem Boden, typische Risse und Sprünge, die auf große Hitze hindeuten, angehäufte Steine und verkohlte Knochen als Beweise für Feuernutzung herhalten.

Herdähnliche Strukturen wie Feuergruben oder Steineinfassungen sind vergleichsweise junge Errungenschaften in der Menschheitsgeschichte – sicher datiert im mittleren Pleistozän und 400.000 Jahre alt.

Da Feuer auf feuchtem Boden nicht gut brennt, werden die Menschen schnell gelernt haben, eine Unterlage aus Steinen zu nutzen. Einfassungen aus großen Steinen oder Feuergruben sorgten dafür, dass das Feuer beisammen blieb. Zusätzlich speicherten die erhitzten Steine die Wärme, die auf nacktem Boden verloren geht. So eingefasste, aber sonst offene Feuer brannten jahrtausendelang nicht nur draußen, sondern auch in Höhlen, Hütten, Häusern und sogar Hallen.

Die Wikinger hatten zur Zeit der Völkerwanderung (4.–6. Jahrhundert) in ihrer Königshalle ein offenes Feuer auf dem Boden. Auch im großen Versammlungssaal des germanischen Königs loderten im 9. Jahrhundert die Flammen, wie das Beowulf-Epos erzählt. Karl der Große gebot in einer Landgüter-Ordnung, dass in jedem Haus eine Wache beim brennenden Feuer sitzen müsse.

Die Feuerstelle als komplexeste Struktur im Gebäude

Erst als das Feuer eingefasst wurde, lieferte es Material für die Forschung – dann aber auch reichlich. Wenn eine verlassene Hütte verfällt, sind die einzigen Spuren, die bleiben, die des Feuers. In einfachen Häusern ist der Herd die komplexeste Struktur im Gebäude. Hier verbinden sich Technik- und Kulturgeschichte miteinander. Neue Nutzungen wie Kochen oder Backen, das Speichern von Wärme oder Räuchern erfordern technische Anpassungen und neue Materialien.

Heute beschäftigen sich zahlreiche historisch-anthropologische und sozialhistorische Untersuchungen mit der »Feuerungsanlage« in Bauern-, Schäfer- und Meierhäusern, Amtsgebäuden und Tagelöhnerhütten. In vielen Bauernhäusern gab es bis ins 19. Jahrhundert nur eine einzige Feuerstelle, meist ein offener Herd, der das gesamte Haus in der Regel mehr schlecht als recht heizte, zum Kochen und als Lichtquelle diente.

Das Feuer wurde – wie zur Zeit Karls des Großen – in einer Vertiefung im Boden gemacht oder mit Lehm untermauert. Üblich war aber bald eine erhöhte gemauerte

Oberfläche, auf der das Feuer brannte. Dieser Herd lag in einem einfachen Herdraum oder – in großzügigen Verhältnissen – im hallenartigen Erdgeschoss. In jedem Fall war dieser Raum der Mittelpunkt des familiären Lebens.

Das Wort »Haus« bezeichnet bis ins 19. Jahrhundert die Flurküche oder die Diele. Erst später wird es als Pars pro Toto zum Begriff für das ganze Gebäude. Genauso meint der Spruch »Eigener Herd ist Goldes wert« den ganzen (eigenen) Hausstand. Goethes Prometheus rühmt gegenüber Zeus »meinen Herd, um dessen Glut Du mich beneidest« – ein Bild des eigenen, funktionierenden Haushalts.

Rauchableiter: Kamin und Schornstein

Tatsächlich blieb die Feuerstelle im Haus jahrhundertelang vergleichsweise primitiv. Über dem Feuer hing oft ein Schutzdach aus rußgeschwärzten Brettern, das die Dachkonstruktion und Heu und Stroh darin vor Funken schützte.

Weil offenes Feuer so extrem gefährlich ist, entstanden bald Vorschriften, Brandschutzverordnungen, wie das Brandrisiko einzudämmen sei. Brandschutzverordnungen schreiben einen gemauerten Schwibbogen vor, der den Dachstuhl vor dem Funkenflug schützen soll. Auch die Rußschicht auf den Dachbalken fungierte als Brandschutz. Die Herdgeräte hingen an Kesselhaken oder standen auf Untersetzern über oder neben dem Feuer.[19]

Im Schein des Feuers wurde gesessen und gegessen, gesponnen und geschnitzt, gesungen und erzählt. Im niederdeutschen Hallenhaus stand der Herd in der Mitte des Gebäudes im sogenannten Flett, der mit der breiten Diele, an der die Ställe lagen, die Halle bildete. Diese Herde hatten keinen Schornstein. Der Rauch vom Herdfeuer zog durch die

Der Sparherd nutzt die Feuerhitze effizienter.

Diele und durch den Erntedachboden und entwich schließlich durch das Strohdach sowie Öffnungen im Giebel. Auf seinem Weg räucherte er zunächst Würste, Schinken und Fisch, hielt Fliegen aus der Diele und Holzschädlinge von den Balken fern. Er härtete das Holzgerüst des Hauses und trocknete die Ernte auf dem Dachboden. Nur richtig warm wurde es mit so einem Feuer nicht.

Später flocht man aus Holzruten eine Abzugshaube, die mit Lehm brandsicher ausgekleidet wurde. Solche »Lehmhutzen« leiteten den Rauch ab und gelten als Urform des Kaminmantels.

Eine bedeutende Neuerung war der sogenannte Schwibbogenherd. Das Kochfeuer wanderte auf einen gemauerten Sockel an die Wand – die daraufhin einen Schutz brauchte: einen Lehmbeschlag oder Mauersteine. Bald zog man rechts und links der Herdstelle »Feuermauern« auf, die das Feuer zusammenhielten und schließlich oben in einem Bogen zusammenwuchsen. Dieser »Deutsche Herd« wird bereits zur Zeit des 30-jährigen Krieges in einer Polizeiverordnung gefordert. Der Rauch gelangte durch Öffnungen im gemauerten Schwibbogen in den Raum.[20]

Als man Dach und Wohnraum trennte, führte die Lehmhutze die Rauchgase gezielt ins »Rauchdach«, das als Räucherkammer diente. Der Rauch entwich durch Ritzen oder eine Öffnung in der Giebelwand des Hauses. Solche Konstruktionen waren im Mittelalter weit verbreitet. Verrußte Balken werden immer noch oft fälschlich als Spuren eines Brandunglücks gedeutet, sie sind aber im Rauchdach normal.

Für mehrgeschossige Bauten musste eine aufwendigere Lösung her: geschlossene Kaminzüge, die die Rauchgase durchs Gebäude leiten. Damit solche Kamine stabil ins Haus integriert werden konnten, musste das Herdfeuer an die Außenmauer oder an eine feste, durchlaufende Tragstruktur wandern. Abzüge in der Mitte des Hauses boten neue Möglichkeiten: Man konnte mehrere Feuerstellen an den gemeinsamen Kamin anschließen, und die oft voluminösen Konstruktionen heizten im Obergeschoss die Schlafräume.

Ab dem 11. Jahrhundert finden sich solche modernen Feuerstellen mit Kamin – und auf dem Land blieben entsprechende Herde bis ins 20. Jahrhundert in Gebrauch.

Arbeitsteilung für die Flammen: Kochfeuer und Heizofen

Im Spätmittelalter endete die Zeit des Universalherds, der für Kochen und Heizen zuständig war. In groß angelegten Küchen in Burgen und Schlössern nutzte man weiterhin den gemauerten offenen Herd mit einer großen Kaminesse. In spätmittelalterlichen Burgen war die Esse, der Rauchfang über der Feuerstelle, oft so groß, dass sie den gesamten Raum nach oben abschloss. Solche »Rauchküchen« waren häufig aus Feuerschutzgründen als eigenständiger Baukörper von den Wohnbauten abgetrennt.

»Meine Kunst ist ein Königreich aus Rauch«, sagt ein Koch in einem griechischen Theaterstück, und beim römischen Autor Plautus wird der Koch »Feuer-Anbeter« genannt. Das Kochen bleibt eine Feuerkunst. In seiner Geschichte des Kochens schreibt Michael Symons, dass in der frühen Küche mehr Utensilien für das Feuer als für das eigentliche Kochen existierten.[21]

Kochbücher leiten ausführlich an, wie das Feuer für die Zubereitung zu handhaben ist. Ein Beispiel für einen Braten in einem englischen Kochbuch von 1817: »Mache das Feuer passend für das Essen, das darauf soll, am besten drei bis vier Inches länger als das Stück, das darauf geröstet werden soll … Ab einer Stunde oder einer halben Stunde vorm Rösten platziere Kohlen auf dem Feuer, passend zur Größe des Bratens und der geplanten Backzeit. Danach wirf angefeuchtete Asche hinein. Wenn der Braten groß ist, mach ein solides, kräftiges Feuer, das gleichmäßig in jedem Teil des Brennraums brennt. Rüttle das Feuer gut durch, bevor der Braten darüber kommt …«[22]

Mit dem offenen Herd in der Küche litten Mägde und Hausfrau unter Qualm und Ruß. Bevor sich der holzsparende Kochherd durchsetzte, übernahmen sogenannte Kochöfen die Doppelfunktion eines Ofens und eines Herds. Diese schrankartigen Zimmeröfen nahmen die Töpfe in Topfkacheln und Kochröhren auf. Manche Modelle hatten

Kaminbrand

Auch gemauerte Kamine schützen nicht vor einem Kamin- oder Schornsteinbrand. Dabei brennt nicht der Schornstein, sondern der Ruß, der sich dort angelagert hat. Dann schlagen die Flammen aus dem Schornstein.

Falsch dimensionierte Schornsteine begünstigen Kaminbrände: Ist der Querschnitt zu klein, verlangsamt das den Austritt der Rauchgase und begünstigt das Ablagern von Ruß. Ist der Querschnitt zu groß, wird er zur langsam warm, sodass Gase an der Schornsteinwand kondensieren, und an der Feuchtigkeit lagern sich Rußpartikel an.

Wichtig: Ein Kaminbrand darf niemals mit Wasser gelöscht werden. Es würde durch die hohen Temperaturen schlagartig verdampfen, und der Wasserdampf kann einen Kamineinsatz zum Platzen bringen. Also Ruhe bewahren und die Feuerwehr alarmieren.

Der Sommerpalast der portugiesischen Könige in Sintra bekam 1755 weithin sichtbare konische Küchenschornsteine.

ein Kochloch, durch das ein Topf in den Feuerraum eingehängt werden konnte.

In der zweiten Hälfte des 19. Jahrhunderts kamen die elaborierteren »Kochmaschinen« auf, runde, ovale oder kleeblatt- oder halbmondförmige Herde mit herausnehmbaren Ringen für Töpfe verschiedener Größe. Durch Umlenkklappen konnte der Herd lang oder kurz befeuert werden und in der langen Variante die Backröhre miterhitzen.

In der Stadt setzte sich in der zweiten Hälfte des 19. Jahrhunderts der geschlossene Herd durch. Dieser wurde Sparherd genannt, weil er viel weniger Feuerholz verbrauchte. Die Töpfe standen nun in runden Kochöffnungen, die mit einsetzbaren Ringen verstellbar waren. So schlossen die Töpfe lückenlos mit der Herdplatte ab, und die Hitze des Feuers wurde effizient genutzt. Auf dem offenen Herd schlugen die Flammen zum Teil am Topf vorbei.

Als Lichtquelle konnte der Sparherd nicht mehr dienen, aber der Rauch wurde weiterhin in die Diele geleitet. Erst gegen Ende des 19. Jahrhunderts entschlossen sich immer mehr Hallenhausbewohner, einen Schornstein zu bauen. Der erhöhte sowohl den Wohnkomfort als auch die Feuergefahr. Denn Teer- und Rußbrände in seinem Inneren sowie Funken, die durch Risse entwichen, konnten einen Hausbrand auslösen.

Der Tatsache, dass ein Feuer im Haus so gefährlich war, verdanken wir wertvolle Erkenntnisse über den Alltag vor 300 Jahren. Die sogenannten Feuerschadensakten der Provinzialverwaltungen sind für Historiker ein Schatz, denn sie wurden seit Anfang des 18. Jahrhunderts angelegt, um Haus- und Dorfbrände zu dokumentieren. Es geht darin um Unterstützung für den Wiederaufbau, aber auch um die Ursache des Brandes. Dazu wurden Menschen detailliert befragt, was uns Aufschlüsse über Lebenswelt und Alltag der frühen Neuzeit gibt.[23]

Sparherd und metallene Ofenrohre machten das Feuer in der Küche sicherer und effizienter, aber zum Heizen eignete sich der Herd nicht. Diese Funktion übernahm der Stubenofen.

Überhaupt entstanden immer neue differenzierte Öfen für bestimmte Feuernutzungen. Im Jahr 1666 erschien in Frankfurt ein 23-seitiges Büchlein über »Furnologia Oder: Haushältliche Oefen-Kunst« mit dem sprechenden Untertitel: »Nämlichen 1. Wie man nicht allein die alte bißhero gebräuchliche Oefen mit schlechten Unkosten leichtlich verbessern, und also respective mit wenigem Holtz und Kohlen einhitzen, Sondern auch gantz 2. Neue Wärm- Koch- und Wäsch-Oefen, so zur Gesundheit deß Menschen dienlich, zu dem täglichen Gebrauch bequemlich, und in Ersparung deß Holzes nützlich auffbauen und in das Werck stellen solle.«[24]

FURNOLOGIA

Oder:

Haußhältliche Oefen-Kunst

Nämlichen

I. Wie man nicht allein die alte bißhero gebräuchliche Oefen mit schlechten Unkosten leichtlich verbessern / und also respectivè mit wenigem Holtz und Kohlen einhitzen /

Sondern auch gantz

II. Neue Wärm- Koch- und Wäsch- Oefen / so zur Gesundheit deß Menschen dienlich / zu dem täglichen Gebrauch bequemlich / und in Ersparung deß Holtzes nützlich auffbauen und in das Werck stellen solle.

Alles auff Verlangen und Begehren sonderbahrer guter Haußhälter / auch Jedermänniglich zum Dienst / auß vielfältiger Experienz vertreulich auffgesetzet und mit darzu gehörigen Figuren vorgestellet /

Durch

GEORG ANDREAS BÖCKLER,
Architect. & Ingenieur.

Franckfurt.
In Georg Müllers Verlag /
Druckts Paulus Humm.

M DC LXVI.

Eine frühe Anleitung zum Holzsparen war die Ofenkunde (Furnologie), die 1666 in Frankfurt gedruckt wurde.

Der französische Palastkamin
mit Spiegel wurde in ganz Europa kopiert.

Kapitel 4

Feuer in Saal, Salon und Wohnzimmer

Der Kamin als Schmuckstück

»Wie es an kalten Winterabenden bei mächtigen Adligen üblich ist, versammelte sich die Familie nach der Mahlzeit um den Kamin, um Erzählungen über alte Taten zu lauschen«, schreibt Gervasius von Tilbury um 1210.[25] Der anonyme Haushaltsratgeber »Menagier de Paris« von etwa 1393, der einer jungen Frau erklärt, wie ein Haushalt zu führen sei, beschreibt, dass der heimkehrende Mann sich an den Kamin setzte, wo ihm die Frau die Schuhe ausziehe. Es gebe nur drei Dinge, die einen Mann das Weite suchen lassen: ein Haus ohne Dach, ein rauchender Kamin und eine keifende Frau.

Offensichtlich ist der Kamin das brennende Herz des Hauses und sichtbares Zeichen von Heimeligkeit und Heimat. In der frühen Neuzeit dient der Kamin aber nicht nur der Heizung, sondern der Repräsentation. In der Renaissance wird er mit reich verzierten, oft gewaltigen Abzugskästen versehen. Die Ausstattung des Kamins zeigt, wie wichtig und wertig ein Raum ist. In Schlössern werden Zimmerfluchten so geplant, dass beim Betreten des Raumes als erstes der Kamin in den Blick kommt. Er trägt oft Wappen und zeigt damit, wie bedeutend seine Besitzer sind. Aber auch ohne dekorative und repräsentative Umbauung sorgt ein offenes Kaminfeuer für einen einladenden, wohnlichen Eindruck.

»Da standen wir in einer dunklen Bauernstube. […] Die alte Wirtin kam endlich herbeigeschlichen, bald loderte ein freundliches Feuer im Kamin, wir erhellten das Zimmer mit den Wachslichtern aus den Wagenlaternen, das Wasser brauste häuslich im siedenden Kessel, wir setzten uns zum Teetisch vor den Kamin«, schreibt Johanna Schopenhauer 1803 in ihrem Bericht über die »Reise nach England«.[26] Nach der unbehaglichen Fahrt ist das Kaminfeuer »freundlich« und »häuslich.«

Zu dieser Zeit war längst bekannt, wie man effizient heizt, nämlich mit einem Ofen, der Wärme speichern kann und dem Raum nicht durch Zug warme Luft entzieht. In Großbritannien wurde dieser üblicherweise mit Kohlen bestückt. Überall in Europa und auch den USA hatte man die Heizung optimiert, um Holz zu sparen und den Komfort zu erhöhen, denn der historische weite Kamin lieferte selten

Das Wort Kamin

Laut »Rheinischem Wörterbuch« (ein neunbändiges Werk, das westdeutsche Mundarten dokumentiert und ab 1928 erschien) bezeichnet das Wort Kamin sowohl einen engen Schornstein ohne Rauchfang als auch den unteren Teil eines Rauchfangs. Das Wort stammt vom lateinischen *Caminus*, das Feuerstätte, Esse, Schmelzofen und Kamin zur Zimmerheizung bedeutet. Es geht auf das griechische *κάμινος* zurück, das nur für den Schmelz- und Brennofen verwendet wurde. Heute bezeichnet das Wort sowohl die Feuerstelle im Wohnraum als auch den Schornstein als Rauchabzug, außerdem einen senkrechten Felsspalt im Gebirge.

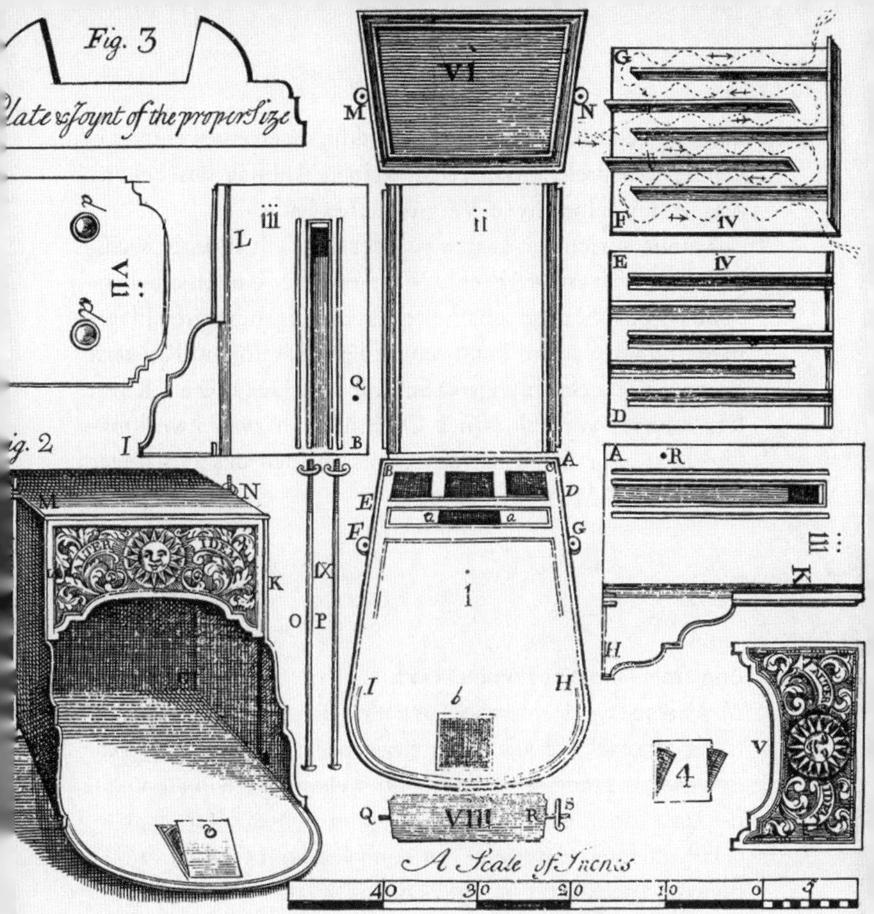

Aufbau des patentierten Kamineinsatzes von Benjamin Franklin von 1744.

gleichmäßig wohlige Wärme, sondern machte vorn heiß und hinten kalt.

Auch Benjamin Franklin, Gründervater der USA, Erfinder der freiwilligen Feuerwehr und des Blitzableiters, tüftelte an besseren Feuerungsstätten. Besonders effizient und praktisch waren die geschlossenen Plattenöfen deutscher Herkunft, die Einwanderer nach Amerika gebracht hatten. Allerdings bescheinigt Franklin ihnen einen entscheidenden Nachteil: »Man erhält keinen Anblick des Feuers, was in sich selbst etwas Vergnügliches hat.«[27]

Damit spricht er aus, was jeder Mensch intuitiv weiß: Feuer ist weit mehr als eine Wärmequelle. Um eine behagliche Atmosphäre zu schaffen, muss man die bewegten Flammen und ihr warmes Licht sehen, das Prasseln und Knistern hören und die Strahlungswärme auf der Haut spüren. Kurz: Feuer hinter verschlossenen Ofentüren ist zwar zweckmäßig, lässt aber den Charme vermissen, den das Holzfeuer seit jeher auf Menschen ausübt.

Benjamin Franklins Kamineinsatz

Der vielseitige Staatsmann und Erfinder Benjamin Franklin (1706–1790) kannte aus seiner amerikanischen Heimat sowohl den ewig rauchenden offenen Kamin als auch die Plattenöfen der deutschen Einwanderer. Während seines Aufenthalts in Großbritannien tüftelte er am Kamin seiner Londoner Wohnung und entwickelte schließlich um 1740 den »Pennsylvanian Fireplace«, einen eisernen Kamineinsatz, der das Feuer nicht nur zusammenhielt, sondern ähnlich wie ein Ofen regelbar machte.

Der Einsatz aus sechs Platten verschloss die Kaminöffnung zu zwei Dritteln. Die Rauchgase zogen durch einen engen Rauchkanal in eine Warmluftkammer, die den Raum heizte – genau wie der eiserne Einsatz, der in das Zimmer ragte. Die Luftzufuhr war regelbar und die Heizkraft spürbar besser als im offenen Kamin. Außerdem zog das Feuer mehr, sodass die Luft im Zimmer sauberer war. Franklins Erfindung galt damit als bedeutender technischer Fortschritt.

Der Franzose Louis-Sébastian Mercier (1740–1814) beschrieb das Alltagsleben von Paris in den 1770 Jahren und spricht von der »öden, lauen, unsichtbaren Wärme« der geschlossenen Öfen, die ihn deprimiere.[28] In Großbritannien, wo Kohle zum gängigen Heizmittel avanciert war, sind die Kamine mittlerweile verschlossen. Doch Scheitholz im offenen Kamin ist und bleibt ein Statussymbol. Im »Bildnis des Dorian Gray« schreibt Oscar Wilde, der Besitz von Kohle habe den Vorteil, einem Gentleman den Luxus zu ermöglichen, auf seinem eigenen Herde Holz zu verbrennen. Wer es sich leisten kann, genießt deshalb weiterhin das offene Feuer, das unvernünftig viel Holz verschlingt, als wohnlichen Luxus und Statussymbol.

Der Kamin als architektonisches Element

Der Kamin ist eine von drei Seiten umbaute Feuerstätte, die vor allem in Ländern mit mildem maritimen Klima verbreitet ist. In Europa gehören Großbritannien, Spanien und Italien dazu. Vor allem Frankreich und die Niederlande sind als Kaminländer stilbildend. Aber auch in Asien werden Kamine genutzt.

Bis ins 14. Jahrhundert war die Nutzung des Kamins ein Vorrecht des Adels und der hohen Geistlichkeit. Erst danach tauchte er auch in den Häusern wohlhabender Bürger auf, die dem Adel nacheiferten. Ein Grundriss des Klosters St. Gallen in der Schweiz aus dem 9. Jahrhundert zeigt kaminbeheizte Räume, die mit »kaminata, kemenate« bezeichnet sind.[29] Eine Kemenate ist allgemein ein beheizter Raum, oft in mittelalterlichen Burgen (als Bestandteil der Burg). Die separaten Gebäude waren eher in den Städten hinter Wohnhäusern zu finden. Auch vom Schlafzimmer

Der mächtige Kamin auf dem Loire-Schloss Chenonceaux trägt die Wappen des französischen Renaissance-Königspaars Franz I. und Claude de France.

Karls des Großen aus dem 8. Jahrhundert wissen wir, dass es einen Kamin hatte, ebenso das Empfangszimmer des Mailänder Bischofs Angilbert im Jahr 859. In Hildesheim ist für das Jahr 1204 eine »caminata episcopi« (bischöfliche Kemenate) aufgeführt.[30]

In den Bürger- und Bauernhäusern war der Kamin zum Heizen nicht attraktiv, doch ist er seit alters her bekannt. Er blieb aber ein repräsentatives Prunkstück. Der französische Botaniker Victor Charles Joly schrieb eine ganze Abhandlung über Heizungsfragen und klassifiziert Kamine so: »Kamine sind kleine quadratische Behälter aus Metall oder gebranntem Ton mit zwei Öffnungen, die eine vorne zum Auflegen der Brennstoffe, die andere oben, um 95 Prozent des Brennstoffs durch einen Schornstein ins Freie abzuleiten, der raucht.«[31] Tatsächlich war die Heizleistung alter Kamine dürftig. 10 bis 15 Prozent galten be-

Ob im Kreml oder im Weißen Haus, Staatsbesuch, wie hier Premierministerin Margaret Thatcher bei US-Präsident Ronald Reagan, wird gern am Kamin empfangen.

reits als viel. Die meisten Kamine rauchten leicht, weil der Rauchfang lange recht hoch angebracht war. Sie sorgten für Zug und damit Kälte im Raum, während sie gleichzeitig die Menschen direkt am Feuer von vorn erhitzten. In der Übergangszeit und im Sommer, wenn kein Feuer im Kamin brannte, waren Kaminzimmer besonders ungemütlich und zugig.

Baulich ist der Kamin ein Element des Hauses. Anders als der Ofen, der rein kunsthandwerklich gefertigt wird und nachträglich in praktisch jedes Zimmer eingebaut werden kann, wird der Kamin mit dem Haus geplant, weswegen – so Alfred Faber – Architekten im Kamin weniger eine Heizanlage als eine architektonisch-künstlerische Aufgabe sähen.[32]

Der englische Architekt Isaac Ware schreibt 1756: »Der Kamin, das bauliche Element, das als erstes entworfen wird, [...] der feste Punkt, nach dem der Architekt seine übrigen

Arbeiten im Raum ausrichtet.«[33] Fest war seine Ausrichtung schon deshalb, weil die Abzüge im Grundriss festgelegt sein mussten. Bis in die Gegenwart werden Räume und Häuser um den Kamin geplant.

Frank Lloyd Wright bezeichnete den Kamin immer noch als »Herz des Hauses.« Und auf der 14. Architekturbiennale in Venedig, die Rem Koolhaas 2014 verantwortete, war ein ganzer Raum dem Kamin gewidmet. Dabei haben moderne Repräsentationsbauten selten eine Feuerstelle, wohl aber historische Schlösser und Paläste. Und wenn der US-Präsident heute zu einem Gespräch empfängt, so sitzt man am Kamin.

Kaminmode und -stil

Der vielseitig begabte Architekt, Ingenieur und Bildhauer Antonio Averlino, genannt Filarete (1400–1469), widmet sich in seinem 25-bändigen Architektur-Traktat dem Kamin als essenziellen Bestandteil eines Gebäudes. Auch seine Zeitgenossen, die Architekten Sebastiano Serlio und Vincenzo Scamozzi, hielten den Kamin für unverzichtbar. In ihrer Zeit wurde die Feuerstelle zum Kunstwerk.

Die Ansicht, dass ein Kamin edler sei als ein effizienter und praktischer Ofen, stammt wohl aus dem 16. Jahrhundert, der Renaissance. In Nordeuropa übernahm man begeistert die Formensprache der italienischen Renaissance und mit ihr auch die Wertmaßstäbe der Italiener.

Nach Deutschland kamen nicht nur Formen aus Italien, sondern auch aus Frankreich. Philibert de l'Orme bestimmte im 16. Jahrhundert, dass der Kamin sich in der Gestaltung an Größe und Bedeutung des Raumes anzupassen habe.[34] Das scheint heute wenig überraschend, zeigt aber, dass der

Kamin mit seiner Ausstattung und seinen Dimensionen ein Indikator für Wertigkeit und Rolle des Raumes war und immer noch ist.

Im 17. Jahrhundert verbreiteten sich deshalb Vorlagenbücher mit Stichen von italienischen und französischen Kaminen, die auch in Nordeuropa in Mode kamen. Aufwendig verzierte Aufbauten ersetzten das schlichte Kamindach. Der Abzug ragte zunächst weit in den Raum, sodass breite Bänke und Simse entstanden. Später schmiegte sich der Abzug immer weiter an die Wand, und auch die Kaminöffnung wurde niedriger. Dafür bot der Aufbau über dem Feuer mehr Platz für Gestaltung.

In Frankreich schätzte man die Kombination aus Fürstenbildnis und Kamin. Dabei war das Fürstenbildnis üppig dekoriert, gern mit Wappen, Initialen, aber auch Engeln, Putten oder mythischen Gestalten.

Von Versailles aus verbreitete sich die Mode, den Kamin ganz in der Wandfläche verschwinden zu lassen und den Aufbau mit einem großen Spiegel zu versehen. Diese Kaminform findet sich zum Beispiel im Schloss Charlottenburg in Berlin. Statt der teuren Spiegel griff man außerhalb Frankreichs sonst auch auf Gemälde zurück. So konnte man die modische französische Form und das Fürstenbildnis verbinden.

Im schwedischen Schloss Skokloster, das der prachtliebende deutsch-schwedische Feldherr Carl Gustaf Wrangel nach dem 30-jährigen Krieg in der Provinz Uppsala baute, sind die Kamine besonders raffiniert: Die Repräsentationsräume sind wie üblich mit prächtigen Exemplaren bestückt. Allerdings sind die kunstvollen Abzugskästen mit ihren architektonischen Gestaltungselementen, Wappen und Gemälden nicht aus Marmor, sondern aus Holz. Warum? Die Wärme in den Räumen stammte von Öfen, die sich

Im schwedischen Schloss Skokloster diente der Kachelofen zum Wärmen, der wappenbewehrte Kamin der Repräsentation.

in mehreren Etagen hinter den Kaminen in der Wand versteckten oder daneben stehen. Die Kamine dienten mit ihrer Pracht und einem freundlichen hellen Feuer ausschließlich als standesgemäßes Stilelement. Das Heizen übernahmen wie in Schweden üblich die moderneren Öfen.

Wärmende Dekoration: Kamin- und Takenplatten

Mit der Verlegung des Feuers von der Raummitte an die Hauswand – also mit dem Wandel vom Herd zum Kamin – tauchte auch die gusseiserne Kamin- oder Takenplatte auf. Eine Kaminplatte schützte die Mauer vor den Flammen und strahlte Wärme in den Raum ab. Kamine haben oft drei davon – eine für die breite Rückwand und zwei, die die Wangen schützen. Eine Besonderheit ist die Takenheizung, vermutlich eine Erfindung der Feudalschicht in der mittleren Eifel. Hier wurde eine Takenplatte hinter dem Herdfeuer eingebaut, die aber aber keine Mauer schützte, sondern sie ersetzte. Die heiße Eisenplatte strahlte ihre Wärme direkt in den Raum hinter der Feuerstelle ab, von dem aus man die Bildseite der Platte sehen konnte.

Technisch konnte man mit Beginn des 15. Jahrhunderts eiserne Platten gießen, doch war die Herstellung von Kanonen und anderem militärischem Gerät zunächst wichtiger. Erst in der zweiten Hälfte des Jahrhunderts wurden auch Kaminplatten gegossen. Die älteste in Deutschland bekannte Platte trug die Jahreszahl 1474 und schützte einen Kamin auf der Burg Beilstein bei Dillenburg.[35] Die älteste erhaltene datierte Takenplatte stammt von 1488 und trägt das Wappen der Stadt Zweibrücken.

Während der Kaminmantel seit der Renaissance und vor allem im Barock üppig und raumgreifend dekoriert wurde,

Die gusseiserne Ofenplatte aus dem 18. Jahrhundert zeigt die alttestamentliche Szene, in der Potiphar mit seiner Frau (links) Joseph vorführen und ins Gefängnis werfen lässt (rechts).

blieben Kaminplatten stets schlichte Reliefs. Die frühen Kaminplatten waren meist mit einfachen, vor allem heraldischen Darstellungen verziert. Weil es schwieriger war, eine glatte Eisenplatte zu gießen als eine verzierte, zeigten die Platten, die keine Auftragsarbeit mit Wappen, Initialen und Jahreszahlen waren, Bibel- und Alltagsszenen sowie Figuren aus Geschichte oder Mythologie.

Beim »offenen Herdguss« wurde dafür ein Holz-Model (eine plastische Vorlage) geschnitzt, das in ein festes, feuchtes Sandbett geklopft wurde. Wurde das Model entfernt, behielt der Sand die Negativform des Motivs. In dieses Sandbett ließ man das flüssige Eisen laufen.

Der 3 Meter hohe gusseiserne »Riesenofen« auf der Veste Coburg von 1501 gilt als einziger erhaltener gotischer Ofen.

Die Herstellung von Kaminplatten war weniger anspruchsvoll als der Guss von Ofenplatten, bei denen es darauf ankam, dass die Wandstärke der Platte gleichmäßig dünn war, damit sie im Feuer nicht zersprang. Gusseiserne Kaminplatten sind deshalb vermutlich älter als gegossene Ofenteile.

Auf der Veste Coburg steht der wohl einzige erhaltene gotische Ofen. Er wurde 1501 gesetzt und wird wegen seiner Höhe von über 3 Metern der »Riesenofen« genannt. Die Platten für solche Öfen stammten aus dem Siegerland und dem Saarland, wurden aber auch in der Eifel, im Harz und in Sachsen, dem Elsass und in Tirol gegossen.

Seit dem 18. Jahrhundert haben sich die runden schwedischen Kachelöfen äußerlich nicht verändert.

Kapitel 5

Wärmendes Kunstwerk: Der Kachelofen

Der Ofen als erster Heizkörper

Offene Feuerstellen sind zwar dekorativ, heizen aber schlecht. Sie speichern die Wärme nur in den Steinen, aus denen sie gebaut sind. Ihr Feuer wärmt die Menschen durch die direkte Wärmestrahlung. Beim Kamin wird zwar auch die Luft über dem Feuer erhitzt, sie zieht aber durch den Schornstein nach draußen ab. Gleichzeitig saugt das Feuer kalte Umgebungsluft an, sodass die Luft um den Kamin herum nicht automatisch aufgeheizt wird. Deshalb versuchten Menschen schon bald, die Wärme ihres Feuers besser zu nutzen – mit Öfen.

Historiker nehmen an, dass ins Haus eingebaute Backöfen oder überwölbte Herdfeuerungen in kalten Gegenden Vorläufer der Kachelöfen waren. Die Mauern um und über dem Feuer heizten sich auf und gaben die Wärme an den Raum ab. Sicher ist, dass im Mittelalter Töpfe oder keramische Becherkacheln in die Lehmkuppeln der Öfen eingesetzt wurden. Sie vergrößerten die Oberfläche und verbesserten so die Wärmeabstrahlung.

Die ältesten Fundstücke, die als Ofenkacheln gedeutet werden, stammen aus dem Elsass, der Nordwestschweiz und Baden-Württemberg und sind aus dem 8. bis 9. Jahrhundert.

Vermutlich gehörten sie zu Öfen, die von vorn, also im Zimmer bestückt wurden. Erst im Verlauf des 11. Jahrhunderts entwickelte sich der Hinterlader-Kachelofen, der von der Rückseite – meist der Küche – befüllt wurde. Damals zog auch der Rauch durch die Feuerungsöffnung in die »schwarze Küche« ab.

Der geschlossene Feuerraum eines Stubenofens aus Lehm oder Backsteinen hielt die Wärme besser als ein offenes Feuer und speicherte sie auch lange. Vermutlich deshalb wurden die Öfen immer mächtiger. Klotz- oder Kastenöfen aus Lehm, Feld- oder Backsteinen, Stein- oder Tonplatten sind in der Schweiz, aber auch in Osteuropa weit verbreitet. Sie nehmen manchmal ein Drittel des Raumes ein. In ihnen wird nicht nur gekocht und gebraten, Obst gedörrt, gebacken und Wäsche getrocknet. Zusätzlich wachsen auf ihnen die Kinder heran, man schläft auf der Ofendecke, und darunter brüten die Hühner und verstecken sich die Lämmer und Ferkel.

Kachelofen und Ofenkachel

Öfen verbreiteten sich schnell. Bereits um 1200 gehörte ein Kachelofen in Schlössern, Klöstern und Stadthäusern zur Standardausstattung. Nur in den Burgen heizte man weiterhin wenig effizient mit großen zugigen und qualmenden Kaminen. Kachelöfen fanden sich bald im deutschsprachigen Mitteleuropa, im Einflussgebiet der Hanse, in Skandinavien, in Italien, Frankreich und England sowie in Osteuropa bis nach Russland.

Wann genau der rohe Lehm- oder Steinofen, der seit rund 4000 Jahren nachweisbar ist, vom schön gestalteten Kachelofen abgelöst wurde, ist schwer nachweisbar. Ein langobardisches Gedicht aus dem 8. Jahrhundert erwähnt einen Kachelofen, und ein Fresko, das im 13. Jahrhundert ein Haus in Konstanz am Bodensee schmückte, zeigt ebenfalls einen Kachelofen.[36]

Nachdem erst wenige und dann mehr gedrehte Tonbecher oder -töpfe vor allem in die Lehmkuppel des Stubenofens eingefügt wurden, setzte man bald glasierte Keramikbecher und schließlich napfartig gewölbte Kacheln im Oberteil des Ofens ein, oft auch in die Vorderseite. Schließlich baute man das gesamte Oberteil des Ofens aus Kacheln und zuletzt den gesamten Ofen.

Anders als Kamine oder die eisernen Stubenöfen wurden Stein-, Lehm- und auch frühe Kachelöfen von Bauern selbst gefertigt. Das macht sie für die Forschung besonders interessant. Schließlich bildete sich der Beruf des Hafners heraus, der Ofenkacheln formt und brennt, Öfen plant und setzt. In den meisten mittelalterlichen Städten, in denen die Vertreter einzelner Handwerke in bestimmten Vierteln oder Straßen wohnten, gibt es ab dem frühen 14. Jahrhundert eine Hafnergasse. Die Literatur zur Entwicklungsgeschichte des Ofens und der Ofenkachel, zu Stil und Produktionsweisen, füllt ganze Regalmeter, soll hier aber nicht erschöpfend referiert werden.

Mit der schnellen Verbreitung von glasierten Keramikeinsätzen in den Ofen entstand zunächst eine Vielzahl von Formen: Becher-, Schüssel- und Napfkacheln sowie Halbzylinder- oder Nischenkacheln, die alle auf der Töpferscheibe gedreht wurden.

Lange sind Kacheln gebräuchlich, die zusätzlich mit einem Muster verziert sind, das mit einer Holzform, einem Model, hergestellt wurde. Im 14. Jahrhundert kam die Blattkachel auf, die sogar ganz mithilfe eines Models geformt wurde. (Das »Blatt« ist eine Relieffläche, keine Pflanzenform.) Oft wurden Herrscherfiguren oder Wappen darauf abgebildet, biblische Szenen oder Figuren aus der Mythologie. Die meist hochrechteckigen Bildkacheln umgaben den gesamten Korpus des Ofens, wobei Kranzkacheln das Konstrukt nach oben abschlossen. Sogenannte Gesimskacheln umlaufen die einzelnen Elemente des Ofens und schaffen oft einen durchgehenden Fries, schmale Leistenkacheln setzten Akzente, etwa in Form von Säulen, Karyatiden oder Atlanten.[37]

Als künstlerisch gestaltetes, innenarchitektonisches Objekt machte der Kachelofen alle Stilwandlungen durch. Sein Aufbau passt architektonisch in seine Erbauungszeit, seine plastische Gestaltung und die verwendeten Skulpturen sind künstlerisch interessant, ebenso die Verwendung von Farben und die Bildsprache. In der Barockzeit wurden Kachelöfen teils noch mit großflächigen Bildkacheln zusammengefügt, meist aber großformatig aufgebaut. Sie waren längst keine geraden Quader oder Säulen mehr, sondern bekamen elegant geschwungene Formen. Dazu wurde die keramische Außenhülle des Ofens auf einem Holzgestell aufgebaut und modelliert und anschließend für den Brand zerlegt. Diese sogenannte Überschlagtechnik gab den Ofenbauern neue Freiheiten, asymmetrische plastische Ranken, Muscheln und andere Ornamente einzusetzen.

Bekenntnis am Kachelofen

Blattkacheln zeigen Bilder und Texte. Oft finden sich Herrscherporträts. Öfen mit solchen Blattkacheln standen nicht nur in Amtsstuben, sondern zeigten auch in Bürgerhäusern und an den kleineren Höfen, wessen Untertan man war. Auch Heiligenbilder und fromme Sprüche (etwa memento mori) finden sich auf Ofenkacheln, sie zeigen, woran man glaubte. Es gibt zahllose Funde von biblischen Szenen, Sprüchen und Symbolen. Auch Teile des Glaubensbekenntnisses oder Zeilen des Katechismus wurden in Ofenkacheln gebrannt.

In Krakau werden immer noch Kachelöfen mit barocken Formen hergestellt.

Im 16. Jahrhundert kamen heute sogenannte Reformationskacheln und Reformationsöfen auf. Die Besitzer stellten damit vermutlich ihr protestantisches Bekenntnis zur Schau.[38] Ob die christlichen Bilder wirklich für ein festes Bekenntnis standen, ist allerdings nicht sicher. Die Bezeichnung »Reformationsofen« prägte ein einziger, 1945 zerstörter Ofen, der zuletzt auf dem niederösterreichischen Schloss Grafenegg stand, aber zum romantischen Schlossbau im 19. Jahrhundert aus dem Rathaus von Weißenkirchen umgesetzt worden war.[39]

Der Ofen trug ein weit verbreitetes Motiv, »Gesetz und Gnade.« Auf der Bildvorlage aus der Werkstatt Lucas Cranachs von 1529 sieht man auf der einen Seite Moses mit den Gesetzestafeln, den Weltenrichter und Adam, der vom Teufel ins Höllenfeuer getrieben wird. Auf der anderen

Seite besiegt Christus den Tod, und der Blutstrahl aus dem Herzen des Gekreuzigten (das Gnadenblut) trifft Adam, der neben Johannes dem Täufer steht. Unter dem Bild hat Cranach die wichtigsten Bibelstellen zu Luthers Rechtfertigungslehre aufgeführt. Das Gemälde illustriert also die lutherische Botschaft, dass der Sünder allein durch den Glauben gerecht wird – und nicht durch Ablasszahlungen.

Ob die Blattkachel mit einem Kruzifix, auf dessen einer Seite der Blutstrahl den Sünder trifft und auf der anderen der Tod lauert, wirklich ein Bekenntnis zum Protestantismus darstellt, ist allerdings umstritten.

Innenleben

Der klassische sogenannte Grundofen wird ausschließlich mit Holz befeuert. Deshalb braucht er kein Rost. Die Holzasche sammelt sich auf dem Grund des Brennraums, darauf liegt die Glut. Aus dem Brennholz wird ohne Luftzufuhr schnell Holzkohle, die vollständig zu Kohlenstoffoxiden und Asche verbrennt. Solange das Holz verbrannte, ließ man die Ofentür offen. War das Feuer heruntergebrannt, schloss man die Tür. Wenn der Feuerraum groß genug war, musste ein solcher Ofen erst nach bis zu 50 Feuern geleert und gereinigt werden.

Während Kachelöfen äußerlich ihre Gestalt veränderten, blieb die Heiztechnik im Inneren bis ins 18. Jahrhundert gleich. Lange Zeit wurde der Ofen durch eine einzige Öffnung befeuert und gereinigt, vor allem zog der Rauch durch die Ofenklappe in die »schwarze Küche« und eventuell durch die Esse über der Kochstelle ab. Die Wärmestrahlung von Feuer und Glut erhitzte die oft mächtigen Ofenmauern, die die Wärme an den Raum abgaben.

Neben den Porträtkacheln europäischer Herrscher zeigt der gewaltige Renaissance-Kachelofen des Danziger Artushofes von 1545 auch ein – hier nicht gezeigtes – Bild Till Eulenspiegels.

Ende des 17. Jahrhunderts wurde Holzsparen zum Thema. Der Preußenkönig Friedrich der Große organisierte 1763 sogar einen Wettbewerb für »einen Stubenofen, so am wenigsten Holz verzehret«. Die Abhandlung über den Stubenofen des Preisträgers Johannes Paul Baumers wurde 1765 veröffentlicht.[40] Wichtigste Neuerung war ein Anschluss an einen Schornstein. Nun konnten die Rauchgase im Inneren des Ofens durch gemauerte Züge geleitet werden, die Wärme speicherten. Die Öfen bekamen ein Rost, durch das die Luft in den Brand geleitet wurde und durch das die Asche fiel.

Auch der schwedische König Gustav III. rief im 18. Jahrhundert zum Holzsparen auf. Die Wälder waren während der kleinen Eiszeit geschrumpft, jener Kälteperiode, die vom 15. bis hinein ins 19. Jahrhundert dauerte. Die Industrialisierung mit den aufkommenden Hüttenwerken löste eine Energiekrise aus. Der Schwede Carl Johann Cronstedt erfand 1767 den schwedischen Kachelofen, der im Inneren ebenfalls gemauerte Rauchgaszüge hatte, die die Wärme speicherten. Damit waren diese Öfen besonders effizient – und sind es bis heute.

Als im 19. Jahrhundert Kohle als Brennstoff aufkam, konnten die Feuertüren der Ofen kleiner werden. Auch sonst

Schamott – Der Stoff, aus dem die Öfen sind

Mit der Entwicklung von Hochöfen und Schmelzöfen wuchs in der Zeit der Industrialisierung die Nachfrage nach feuerfesten Materialien. Öfen wurden zunehmend mit sogenannten Schamottsteinen ausgekleidet, die sich von herkömmlichen Backsteinen unterscheiden. Dazu wird Ton mit möglichst hohem Kaolin-Anteil gebrannt und anschließend gemahlen. Das Granulat wird mit Ton vermischt und in der gewünschten Form bei 1000 bis 1400 Grad Celsius gebrannt. Heraus kommt ein feuerfestes Material, das einen hohen Anteil an Aluminiumoxid enthält und sich wie Stein anfühlt.

Schamott ist ein günstiger, feuerfester Baustoff, der Wärme gut speichert und schlecht leitet. Deshalb werden Schamottsteine bis heute in Öfen, Kaminen und Kaminöfen verbaut.

Das Wort Schamott taucht im 18. Jahrhundert in Deutschland auf – vermutlich von italienischen Porzellanherstellern nach Thüringen importiert oder erfunden.[39] Denn das Wort »Sciarmotti«, das 1798 in einer deutschen Schrift zur Porzellanherstellung auftaucht, gibt es im Italienischen nicht.

veränderte sich das Innere des Ofens: Weil die Gluthitze der Kohle länger vorhielt als ein Holzfeuer, war es nicht mehr nötig, so viel wärmespeichernde Masse zu verbauen. Man entwickelte mit Schamottsteinen ausgekleidete Heizeinsätze aus Gusseisen, die mit Ofentür, Rost und Aschekasten die komplette Ofentechnik enthielten. Um den Einsatz zirkuliert die Luft, deshalb spricht man von Warmluftkachelöfen. Ihre Einsätze konnte man reparieren, ohne den ganzen Ofen abbauen zu müssen.

Bis heute sind Kachelöfen nicht nur aus nostalgischen Gründen beliebt: Mit modernen Einsätzen und richtig beheizt sind sie äußerst effiziente Wärmequellen und dekorative Raumelemente.

Um große Mengen Holz zu transportieren, werden Baumstämme geflößt.

Kapitel 6

Holz, der universelle Brennstoff

Das Zeug zum Bauen und Brennen

Balken und Brücken, Schiffe und Wagen, Fässer, Altäre, Möbel, Musikinstrumente und Papier – Holz ist ein essenzieller Grundstoff menschlicher Kultur. Bis zum 19. Jahrhundert wurde das allermeiste Holz allerdings nicht verbaut, sondern verbrannt. Der viel besungene deutsche Wald war nicht nur fürstliches Jagdrevier, bäuerliche Viehweide und unheimliches Räuberversteck, sondern vor allem Holzvorrat.

1682 schreibt Wolf Helmhardt von Hohberg, Autor barocker Hausväterliteratur: »Hätten wir das Holz nicht, dann hätten wir auch kein Feuer; dann müßten wir alle Speisen roh essen und im Winter erfrieren; wir hätten keine Häuser, hätten auch weder Kalk noch Ziegel, kein Glas, keine Metalle, wir hätten weder Tische noch Türen, weder Sessel noch andere Hausgeräte.«[42]

Bis ins letzte Jahrhundert deckten Holz und Holzkohle den Brennstoffbedarf der Haushalte. Die städtische Holzpolitik sowie die umfangreiche Holzspar-Literatur widmeten sich deshalb vorzugsweise dem Entwurf effizienter Kochherde und Heizöfen für die Stuben.

Angesichts dieser Bemühungen wirkte der Holzverbrauch von Hochöfen und Salinen grotesk. In der Nürnberger Bürgerschaft erhoben sich immer wieder Klagen, dass die Bierbrauer, Bäcker, Färber und Wäscher illegal Brennholz aufkauften, bevor es auf den Markt kam. Auch andere

Handwerker wie Schmiede, Töpfer, Glasmacher, Kalk- und Ziegelbrenner verbrauchten weit mehr Holz als bürgerliche und bäuerliche Küchen.

Vor allem Salzküchen und Metallgewinnung verschlangen in der frühen Neuzeit große Mengen an Holz, die heute schwer zu schätzen sind. Die Brennholzstapel der Salinen waren oft höher als die Salzküchen selbst. Hüttenbetriebe heißen in alten Quellen »Waldwerke,« und die meisten ihrer Arbeiter waren Holzknechte und Köhler. Schmelzöfen lagen deshalb oft an Flüssen, weil die gewaltigen Mengen an Baumstämmen auf dem Landweg nicht transportiert werden konnten.

Die Stadt Venedig benötigte Holz nicht nur für die berühmte Glasindustrie, sondern für den Bau von Brücken, Schiffen und Gondeln, außerdem für die aufwendigen Bauten auf den Inseln in der Lagune. Ganz Venedig ist auf Pfahlrosten aus Ulmen- und Lärchenstämmen errichtet. Allein die barocke Kirche Santa Maria della Salute, die größte Venedigs, steht auf 1.250.000 Pfählen. Die Fichtenstämme für die Schmelzöfen der Glasbläser wurden aus dem Tiroler Lesachtal mit Pferden, Ochsen und Seilwinden bis zum Fluss Piave transportiert und auf dem Wasser dann weiter bis in den Golf von Venedig.

Holzmangel weltweit

Seit der Mensch das Feuer für sich entdeckt hat, schrumpft der Baumbestand auf der Erde. Holzmangel ist eine Geschichte von Angebot und Bedarf, genauer von Einschlag und Aufforstung. Der Mangel an Holz zum Bauen und Brennen ist ein historisches und weltumspannendes Phänomen. Als Buddha 483 vor Christus starb, war es schwie-

Weidende Tiere wie diese Ziegen im Argarnbaum können einen Wald vollständig zerstören.

rig, die zur Verbrennung der Leiche nötige Holzmenge zusammenzukaufen. Mittelalterliche Schriften aus Arabien berichten, dass die Hausverwalter in den Städten achtgeben mussten, dass die Mieter nicht die Türen mitnahmen, weil Holz so kostbar war. Ein deutscher Apotheker, der im 16. Jahrhundert in die Türkei reiste, berichtete, dass in den meisten Häusern in Konstantinopel das ganze Jahr über nicht gekocht werde, weil das Holz so teuer sei. Stattdessen werde warmes Essen aus Garküchen geholt.

Die in Deutschland verbreiteten gemeinschaftlich genutzten Backöfen in dörflichen Backhäusern wurden als waldschützende Holzsparmaßnahme vorgeschrieben. Ein Ofen, der einen Tag lang für alle heiß war, verbrauchte weniger Holz als eine Vielzahl von Öfen.

Eine Gefahr für den Wald waren auch die Bauern mit ihrem Vieh. 1740 schreibt ein württembergischer Hofrat, für Hüttenwerke mit ihrem großen Holzbedarf seien viehhaltende Bauern die gefährlichsten Nachbarn – viel gefährlicher als Bären, Wölfe und Wildschweine, denn sie betrachteten »die Hegung junger Schläge mit lüsternen Augen.«[43] Das heißt, sie sahen in jungen Bäumen, die für die Holzgewinnung gehegt wurden, saftiges Futter für ihr Vieh.

Bis ins 19. Jahrhundert war in Europa die sogenannte Waldweide üblich. (Gebietsnamen und sogar Straßennamen mit Worten wie Alm, Alpe, Grunde, Hardt, Heide, Holzwiese, Hutung, Hudewald, Tratt und Trift zeugen davon.) Rinder, Schafe, Ziegen, Pferde und Schweine wurden in den Wald getrieben. Schweine fraßen vor allem Eicheln und Bucheckern und schadeten jungen Bäumen nicht. Alle anderen Tiere aber sorgten dafür, dass kein junger Baum hochkam, sondern nur noch Gras und Heide wuchsen. Viehtritt und Viehverbiss verhinderten die Verjüngung der Wälder, die sich auf diese Weise zu lichten »Hudewäldern« wandelten und schließlich komplett zerstört wurden.

Spanien hat im Lauf der Jahrhunderte 12 Millionen Hektar Wald verloren. Als Grund dafür gilt nicht nur der Schiffbau für die berühmte Armada, sondern die Schafe, die den Wald nachhaltig zerstörten und sein Nachwachsen verhinderten. Selbst 1990 weideten in Spanien noch 25,5 Millionen Schafe in Wäldern, außerdem 5 Millionen Ziegen und 5 Millionen Rinder.[44]

Holzreichtum als Machtfaktor

In Regionen ohne kalte Winter erscheint Brennholz weniger essenziell als im Norden Europas. Doch Holz wurde nicht nur fürs Kochen und Heizen benötigt, sondern auch

Waldweide und Rodung haben aus den Wäldern in Schottland eine baumlose Heidelandschaft gemacht.

zum Bauen sowie zur Metallgewinnung und -verarbeitung. Deshalb war es ein Machtfaktor.

Der Waldreichtum West- und Mitteleuropas – ursprünglich als Zeichen von Rückständigkeit gewertet – entpuppte sich im Lauf der Geschichte als uneinholbarer Vorteil. Paläste und Städte konnten schließlich nur entstehen und wachsen, wenn Baumaterial vorhanden war. Heere konnte nur ausstatten, wer Waffen hatte, also Zugriff auf Metallverarbeitung. Bereits in der klassischen Antike machten die makedonischen Könige Holz deshalb zum königlichen Monopol. So sicherten sie sich Holz für den Schiffbau und als Brennstoff für die Herstelllung von Waffen.

Der britische Universalhistoriker Arnold Toynbee ist der Meinung, das Verschwinden der attischen Wälder habe die griechischen Baumeister veranlasst, ihr Werk statt in Holz in Stein auszuführen und so zur Schöpfung des Parthenon geführt, dessen Säulen mit den blattgeschmückten Kapitellen an Bäume erinnere.[45] Beweisen lässt sich diese These ebenso wenig wie diejenige Platons, die Großbauten des Perikles hätten die Wälder Attikas vernichtet.

Heute wissen Fachleute aber, dass die Verschiebung der Macht vom weitgehend entwaldeten Mittelmeerraum Richtung Norden den Holzvorkommen folgte: Vom Machtzentrum des alten Babylons über Rom nach Spanien und Frankreich bis zum britischen Empire verlagerten sich Einfluss und Reichtum in den wald- und holzreichen Norden Europas. Doch auch da wurde Holzknappheit bald zum Thema.

Das Wirtschaftsleben der europäischen Städte des späten Mittelalters und der frühen Neuzeit erlebte ein stürmisches Wachstum – bis es im 18. Jahrhundert infolge schwindender Holzressourcen vor dem Untergang stand. Erst die Entdeckung der Steinkohle brachte eine neue Dynamik und ermöglichte den industriellen Fortschritt im Kapitalismus.

Als Königin Elisabeth I. 1558 den englischen Thron bestieg, wurde in England und Wales hauptsächlich mit Holz geheizt, in Schottland und Irland vor allem mit Torf. Neben Holz wurde auch Buschwerk, Laub und Dung grasfressender Tiere als Heizmaterial verwendet, doch für all diese Materialien galt: Wer mehr Brennstoff brauchte, benötigte mehr Fläche, auf der die brennstoffliefernden Pflanzen wuchsen. Fläche aber war ein knappes Gut. Es waren schließlich auch Äcker für den Anbau von Getreide und Weiden für die Viehhaltung erforderlich.

Allein zwischen 1540 und 1570 verdoppelte sich in England der Preis für Feuerholz, und bis 1630 hatte er sich seitdem verdreifacht.[46] Die holzverschlingenden Brauereien trieben die Preise so weit nach oben, dass viele Menschen es sich nicht leisten konnten, im Winter zu heizen.

Die gigantischen Wälder machten Nordamerika vor allem als Holzreserve attraktiv. Francis Higginson (1588–1630), der erste koloniale Minister Neuenglands, schreibt, dass das Land im Winter schneebedeckt und beißend kalt sei, doch gebe es reichlich Feuer und Holz, und das wesentlich billiger als in London: »Ein armer Diener kann hier mehr Holz verfeuern als ein Adliger in England [...]. Hier gibt es ein gutes Leben für die, die ein gutes Feuer schätzen.«[47]

Als Elisabeth 1603 starb, hatte London als erste Stadt der westlichen Welt seine Heizungen und Herde bereits umgestellt: auf Steinkohle. Das elisabethanische Zeitalter revolutionierte das häusliche Feuer sowie die industriellen Hochöfen. Mit der Nutzung von prähistorischen Pflanzenmaterial waren die Menschen nicht mehr abhängig von Wald und damit von Flächen. Zwar hatten schon die Kelten und Römer Steinkohle abgebaut, und auch in Deutschland kannte man Steinkohle. »Kohlengräberei« nannten es die Bauern, wenn sie in schlichten Gruben Kohle schaufelten, wenn in der Landwirtschaft nichts zu tun war. Diese Tätigkeit gab es ab 1370 im westlichen Ruhrgebiet.

Der Kohlebergbau aber, der in England ab ca. 1550 seinen Anfang nahm, revolutionierte den Energiemarkt und markiert den Beginn des Prozesses, der uns gerade in die Klimakatastrophe führt: Die fossilen Energieträger waren als Lösung für die feuerhungrige Industrie entdeckt.

Der Wald

Vor 8000 Jahren war die heutige Sahara eine dicht bewachsene grüne Steppe. Ein Eichhörnchen hätte von Moskau nach Lissabon von Ast zu Ast springen können, ohne je den Boden zu berühren, schreibt der britische Waldforscher

Neil Roberts.[48] Dichter Wald bedeckte die europäische Landmasse. Die systematische Abholzung durch den Menschen begann 3000 vor Christus im Zweistromland.[49] Von dort breiteten sich Rodungen und Siedlungen über Kleinasien nach Europa aus. Dafür war keine aufwendige Technik erforderlich. Ein finnischer Pionier der experimentellen Archäologie zeigte 1953, dass ein kräftiger Mann eine mittelgroße Eiche selbst mit einer neolithischen Steinaxt in einer halben Stunde fällen kann.[50]

Waldfreie Landschaften, die wir heute für natürlich und ursprünglich halten, sind in der Regel menschengemacht: die weißen Kalksteinhügel am Mittelmeer, das endlose Grasland in Nordamerika, Australien und Neuseeland, die Heide in Norddeutschland, die Steppe mit den Affenbrotbäumen auf Madagaskar.

Weil Holz so begehrt war, ist auch der Waldschutz in Europa kein modernes Phänomen. Allerdings ging es lange nicht um die ökologische Bedeutung jener komplexen Gemeinschaft aus Pflanzen, Tieren und Mikroorganismen. Ein stolzer Wald war kostbar wie eine Goldmine, eine Sicherheit für die Holzversorgung, lebende Rohstoffreserve und zusätzlich Jagdrevier und Wildvorrat. Doch bereits um 1300 schreibt ein elsässischer Dominikanermönch, dass die Flüsse und Bäche vor einem Jahrhundert nicht so stark angeschwollen seien, »weil die Wurzeln der Bäume die Feuchtigkeit des Schnees und Regens längere Zeit in den Bergen zurückhielten«.[51] Im 19. Jahrhundert war allgemein bekannt, dass die großen Überschwemmungen, die Europa und auch die USA erlebten, auf die Entwaldung zurückzuführen waren. Auch vermutete man einen Zusammenhang zwischen Klima und Wald, war sich aber unschlüssig, wie dieser aussah.

Für die Naturschutzbewegung war der schwindende Wald lange kein Thema. Das klassische Naturidyll war

Die gemeine Fichte wird in großen Monokulturen zur Holznutzung angebaut. Wegen ihrer flachen Wurzeln macht ihr die Trockenheit zu schaffen.

jahrhundertelang die arkadische Landschaft, wie man sie auf vielen Gemälden sieht: eine Mischung aus Wiese, Gebüsch und einigen Bäumen. (Das entspricht dem, was vom Wald bleibt, wenn Nutztiere ihn durch Weiden zerstören.) Der frühe Naturschutz in Deutschland engagierte sich für die Heide – ausgerechnet jene Landschaft, die durch die systematische Entwaldung entstanden war. Und als der berühmte Zoologe Bernhard Grzimek sich für die Gründung des Nationalparks Bayerischer Wald einsetzte, plädierte er für großflächige Kahlschläge, weil er das Großwild im Blick hatte – nicht die Bäume.

Für Nachhaltigkeit im Wald sorgten hingegen die Waldbesitzer und Förster, während sich Umweltaktivisten zunächst an Atomkraftwerken abarbeiteten. Erst mit dem Waldsterben in den 1980er-Jahren geriet der Wald als be-

Holz im Tank

Nicht nur theoretisch kann Holz auch als Energiequelle für ein Auto dienen. Wegen der Treibstoffknappheit im Krieg baute Mercedes Benz das Modell 170 VG zwischen 1939 und 1942 mit einem Holzvergaser. Der Wagen enthielt eine Generatoranlage, die aus Holz ein spezielles Gas herstellte, dessen Verbrennung den Motor antrieb. Der Wagen hatte 22 PS, fuhr 80 Stundenkilometer schnell und verbrauchte dabei 15 Kilogramm Holz auf 100 Kilometer. Wird Holz ohne Sauerstoff erhitzt, entstehen Holzgas, flüssiger Holzgeist und Holzkohle. Weil es im Krieg schwer war, für Privatfahrzeuge Benzin zu beziehen, gab es die Generatoranlage mit »Querstromvergasung und Mischventil« für 1000 Reichsmark auch zum Nachrüsten. Sie funktionierte nicht nur mit Holz, sondern auch mit Kohle, Torf und Koks.

drohtes Ökosystem ins Bewusstsein. Die großen europäischen Wälder gab es da schon seit Jahrhunderten nicht mehr.

Wie brennt's denn? Holz zum Heizen

Holz beginnt bei einer Temperatur von 280 bis 340 Grad Celsius zu brennen. Bei diesen Temperaturen ist das Restwasser im Holz bereits verdunstet und die Hauptbestandteile von Holz, Zellulose, Hemizellulose und Lignin, zerfallen. Dabei entstehen Gase, die sich entzünden. Genau genommen verbrennt also nicht das Holz, sondern die Gase, die darin entstehen. Man erkennt es an den Flammen, die auf einem Holzscheit tanzen.

Der Mercedes Benz 170 mit Holzvergaser
fuhr in Zeiten knappen Benzins mit Kohle, Holz und Koks.

Bei einer optimalen Verbrennung mit genug Sauerstoff erreichen die Flammen Temperaturen von bis zu 1100 Grad. Dabei bildet sich eine Holzkohleschicht, die vor unkontrollierter Verbrennung schützt.

Holz brennt mit einer Geschwindigkeit von 0,5 bis 0,56 Millimeter pro Minute. Ein 10 Zentimeter dicker Dachbalken, der nur von unten erhitzt wird, braucht also rund drei Stunden, um durchzubrennen. Weil Holz berechenbar brennt, stufen Feuerwehrleute den Brand eines Vollholzgebäudes als weniger gefährlich ein als ein brennendes Haus aus verschiedenen Baustoffen. Holz brennt vergleichsweise langsam und knackt hörbar, wenn es nachzugeben beginnt.

Dass Holz überall auf der Welt zum Heizen geschlagen und getrocknet wird, hat auch die Sprache geprägt. Auf Schwedisch, Norwegisch und Dänisch heißt Brennholz *ved*, auf Mittelhochdeutsch *wite* und keltisch *widus* – allesamt eng verwandt mit Wald und dem englischen *wood*, das bis heute ein Wort mit zwei Bedeutungen ist: Wald und Brennholz.

Während das Holzfeuer im Kamin in Deutschland aber weiterhin ein schöner Luxus ist, bildet das Ofenfeuer in skandinavischen Ländern oft die einzige Heizung.

Der durchschnittliche Brennholzverbrauch in Norwegen liegt bei 300 Kilogramm pro Einwohner und Jahr, in Schweden bei 340 und Finnland bei 390 Kilogramm. »Der nordische Holzverbrauch ist also nicht groß. Er ist kolossal«, schreibt der norwegische Journalist und Holzfeuerenthusiast Lars Mytting.[52] Allein in Norwegen werden jedes Jahr 15 Millionen Tonnen Holz verheizt. Würde man diese Holzmenge zwei Meter hoch stapeln, bedeckte der Stapel 2 Quadratkilometer. Diese schwer vorstellbare Menge macht allerdings nur 0,5 Prozent des Waldvolumens in Norwegen aus, ein Land, das zu einem Drittel von Wald bedeckt ist.

Der jährliche Holzverbrauch entspricht dadurch nur 12 Prozent der Menge, die jedes Jahr nachwächst.

Den weltweit höchsten Holzverbrauch verzeichnet das asiatische Land Bhutan mit 850 Kilogramm Brennholz pro Kopf und Jahr, gefolgt von vielen afrikanischen und anderen südostasiatischen Ländern. In waldarmen Ländern, in denen ausschließlich mit Holz gekocht und geheizt wird, ist das nicht nur ein ökologisches Problem, Holznot ist dort auch heute noch eine soziale Frage.

Holz aus der Plantage

Für Brennholz sind nicht die größten und schönsten Stämme interessant, denn sie sind schwer zu fällen und zu transportieren. Die meisten Baumarten sind im Alter von 20 bis 30 Jahren ausreichend groß und werden dann für die Brennholzgewinnung gefällt – bevor sich der Holzzuwachs verlangsamt.

Der Norweger Lars Mytting beschreibt eine alte Methode der Waldwirtschaft, die in England coppicing genannt wird. Dafür werden Laubbäume gefällt, die Stümpfe aber im Boden gelassen, sodass aus dem alten Wurzelsystem neue Bäume austreiben können. Ein junger Baum, der alte Wurzeln nutzen kann, ist in fünf Jahren im Schnitt doppelt so groß wie ein Baum, der aus einem Samen wächst.

In Skandinavien werden vor allem Pappeln und Weiden zur Energieholznutzung so geerntet und produziert. Der Holzzuwachs in solchen Wäldern ist drei- bis fünfmal höher als im normalen Laubwald. Die Bäume werden gefällt, bevor sich ihr Wachstum altersbedingt verlangsamt.

Birkenstümpfe können bis zu 200 Jahre lang neue Bäume nähren, Eichen offenbar unendlich lang. In England hat

man Exemplare gefunden, die auf mehr als 2000 Jahre alten Wurzeln wachsen.
Das sieht ungewohnt aus, lohnt sich aber für Klima und Geldbeutel. Im schwedischen Ort Krågeröd düngt das Abwasser der Gemeinde einen Energiewald, der sein Wachstum dadurch verdreifacht hat. Der Wald ist damit Kläranlage und Energiequelle in einem.

Holz für den Kamin

Für ein schönes Kaminfeuer ist Hartholz am besten geeignet. Dazu zählt das Holz von Buche, Eiche, Esche, von

Der Baum
Als Symbol für Wachstum, Kraft und Dauer spielen Bäume in allen Kulturen und Religionen eine Rolle. Der Paradiesbaum, der sich im Weihnachtsbaum wiederfindet, die Weltesche Yggdrasil, der heilige Baum von Eridu, Buddhabäume in Asien und die heiligen Haine der Griechen zählen dazu. Im alten Ägypten glaubte man, der Pharao werde vom heiligen Isched-Baum gesäugt, in Ovids »Metamorphosen« steckt in jeder Eiche eine verzauberte Nymphe, in Hawaii verwenden die Seelen der Toten Bäume als Tor zur Unterwelt. Thing-Eichen und Dorf-Linden prägen unsere Orte,

Die Vorstellung, dass die aufrechten, starken Pflanzen Charakter haben, ist verbreitet. Baummeditationen und Waldfriedhöfe zeugen davon. Die Eigenschaften, die einem Baum zugeschrieben werden, trägt auch sein Holz in sich – das macht hölzerne Werkstücke oder bestimmte Holzfeuer für manche besonders.

Im Schwarzwald ersetzen Fichten den ursprünglichen Mischwald, der für Schiffbau, Glasproduktion und Köhlerei abgeholzt wurde.

Obstbäumen und Ahorn. Viele Holzarten unterscheiden sich aber nicht nur voneinander, sondern variieren von Baum zu Baum. Die größten Unterschiede finden sich bei Nadelbäumen. Sie wachsen langsam auf kargem Boden und ihr Holz hat dort eine größere Dichte als Stämme, die auf reichem, feuchtem Boden wachsen. Die Dichte von Fichtenholz kann von 300 bis 600 Kilogramm pro Kubikmeter variieren, sodass es leicht und schnell brennbar sein kann oder so dicht und schwer wie Eichenholz. Bei Laubbäumen ist es andersherum: Das Holz von Esche, Eiche und Kastanie wird härter und dichter, wenn sie schnell wachsen und breitere Jahresringe produzieren. Buche, Birke und Linde dagegen sieht man kaum an, ob sie schnell oder langsam gewachsen sind.

Experten empfehlen gern, verschiedene Holzarten zu mischen, um eine möglichst vollständige Verbrennung zu erreichen. Anderen gelten »sortenreine« Feuer als besonders fein. Sicher ist: Ein Kamin ist keine Müllverbrennungsanlage, deshalb darf behandeltes Holz nicht hinein, dazu zählen beschichtetes oder lackiertes Holz, aber auch Spanplatten und Sperrholz.

Ahorn

Gilt als heiteres Holz, das Harmonie bringt und Gegensätze vereint. Das helle, glänzende Holz ist gut für Schreinerarbeiten geeignet. Der Rahmen von Steinway-Flügeln besteht aus dem besonders harten Zucker-Ahorn. Ahornholz trocknet langsam. Oft dauert es zwei Jahre, bis das Holz für den Kamin abgelagert genug ist. Dann aber hat es einen hohen Brennwert und hält eine schöne Glut.

Birke

Die Birke wächst in den ersten 50 Jahren schnell und verbraucht viel Wasser. Gelegentlich galt sie deshalb als »forstliches Unkraut.« Birkenholz wird für die Sperrholzproduktion und im Flugzeugbau genutzt. Es ist vor allem in Skandinavien ein beliebtes Feuerholz.

Die Birke gilt als Baum der Liebe, des Lebens und des Glücks, als Sinnbild für Jugend, Freude und Wiedergeburt. Mit frischem Birkengrün schmückt man Rohbauten zum Richtfest, Kirchen zu Pfingsten und Haustüren, hinter denen ein Kind geboren wurde. Birke eignet sich sehr gut als Kaminholz und brennt mit schöner blauer Flamme. Da die Rinde leicht entflammbar ist, lässt sich das Holz gut anzünden.

In Skandinavien, wo viele Häuser ausschließlich mit Holz beheizt werden, gilt Holzstapeln als Kunst.

Buche

Die Buche gedeiht auf vielen Böden. Durch ihr dichtes Kronendach verhindert sie das Hochkommen anderer Bäume, verbessert aber durch ihr Laub den Boden. (Es sei denn, die Zersetzung läuft zu langsam ab und mehr Pilze als Bakterien sind am Werk; dann bildet sich saurer Rohhumus). Buchenholz eignet sich nicht als Bauholz, weil es sich verzieht. Weil die Buche auch keine Nadelhölzer wachsen lässt, wurde sie zeitweilig als Schädling bekämpft. Überließe man den Wald in Deutschland sich selbst, wäre er bald überall ein Buchen- oder Buchenmischwald. Das gilt besonders angesichts der Klimaveränderungen. Weil Buchen sehr anpassungsfähig sind und ein breites Spektrum klimatischer Bedingungen tolerieren, profitieren sie vom Klimawandel, der vielen Nadelbaumarten absehbar das Leben schwer macht.

Buchenholz steht für Klarheit und Strenge, soll aber auch Rat und Trost bringen, beruhigen und stärken. Buchenscheite gelten als ideales Feuerholz. Es lässt sich besonders gut anzünden, hält lange vor, entwickelt viel Glut und hat deshalb einen hohen Heizwert.

Eibe

Sie ist eine der ältesten Baumarten Europas. Die Eibe enthält in ihren Nadeln und den roten Beeren, aber auch allen anderen Teilen des Baumes das Alkaloid Taxin, das extrem giftig ist. Schon wenige Nadeln können gefährlich sein. Eibenholz gilt als Symbol der Totenruhe und des ewigen Lebens. Es soll vor Zauber und bösen Geistern schützen.

Eiche

Eichenholz galt lange als das beste Bauholz. Die Verbreitung von Eichen entspricht der Verbreitung von Fachwerkbauten in Deutschland. Allerdings ist Eichenholz besonders schwer, weshalb man der Statik zuliebe Balken, Dachsparren und Turmhelme lieber aus Nadelholz herstellte.

Die Eiche steht für Standhaftigkeit und Kraft, Ausdauer und Härte sowie Beständigkeit und geduldiges Reifen. Das harte Holz soll die Wahrheit ans Licht holen und helfen, neue Energie aufzubauen.

Eichenholz trocknet langsam; oft dauert es zwei Sommer, bis die Restfeuchte passabel ist. Im Kamin braucht Eichenholz hohe Temperaturen, damit das Holz nicht in seiner eigenen Gerbsäure schmort. Dann aber kann es die Glut lange halten und hat den höchsten Heizwert der hier aufgeführten Hölzer.

Erle

Weil die Erle gern am Wasser wächst, wird sie als Verbindung zwischen den Welten angesehen. Ihr Holz soll

Fruchtbarkeit, Spiritualität und Sinnlichkeit anregen. Das Holz ist weich und feinporig.

Esche

Eschenholz ist hell, großporig und elastisch. Der Baum gilt als Symbol des Lebens, das Holz soll heilende Wirkung haben und Verspannungen lösen.

Eschenholz enthält nur wenig Feuchtigkeit, weshalb man es zur Not auch ohne Trocknung verbrennen kann. Beim Heizen mit Eschenholz entstehen häufig Funken und vergleichsweise kleine Flammen.

Fichte

Fichten wachsen schnell – deshalb galten sie den Römern als Symbol der Hoffnung. Fichtenholz ist gutes Bau- und Konstruktionsholz, soll aber auch heilende Wirkung haben. Weil es sich gut spalten lässt, schnell brennt und rasch Wärme gibt, eignet es sich besonders gut zum Anfeuern – im Kamin wie im Küchenofen. In seiner dichten Struktur finden sich viele Hohlräume, die mit Harz gefüllt sind. Wenn diese sogenannten Taschen explodieren, fliegen die Funken. Viele lieben dieses Knistern und Knacken, mit dem das Harz verbrennt.

Kiefer

Die Kiefer steht für Langlebigkeit, Ausdauer und Bescheidenheit. Frisch geschlagene Kiefer brennt so gut wie gar nicht, die Zweige werden deshalb gern als feuerfeste Unterlage für Lagerfeuer verwendet. Das Holz ist wie die Fichte reich an Harz und eignet sich getrocknet ebenso gut als Feuerholz. Die Kelten nannten die Kiefer deshalb auch »Feuerbaum.« Kiefernholz wird häufig in schmalen Scheiten zum Anzünden des Kaminfeuers genutzt. Weil es Funken fliegen lässt, ist es aber am besten in einem Ofen oder hinter Glas aufgehoben. Es brennt mit hohen, hellen Flammen, weshalb es früher genutzt wurde, um Licht zum Arbeiten am Feuer zu haben. Heute sorgt es für ein helles Kaminfeuer.

Lärche

Lärchenholz soll Zauber abwehren. Im Altertum waren Lärchen heilige Schutzbäume, die Wanderern den Weg zeigen sollten. Das Holz wurde auch zur Herstellung von Fässern und Bottichen verwendet, weil es außergewöhnlich resistent gegen Chemikalien ist. Auch Lärchenholz ist reich an Harz, es duftet, knackt und knistert schön, lässt aber Funken fliegen.

Linde

Lindenholz gilt als heiliges Holz (*lignum sacrum*). Man schnitzt seit jeher Heiligenfiguren daraus. Der Baum gilt als weiser Ratgeber, und das Holz soll eine entspannende und besänftigende Wirkung haben. Lindenholz trocknet schnell und brennt gut, allerdings hat es keinen hohen Heizwert. Es eignet sich für sommerliche Feuer, wenn es nicht so heiß werden soll.

Pappel

Pappelholz ist weiß, weich und leicht. Es wird zur Herstellung von Sperrholzplatten und als Brennholz verwendet. Angeblich öffnet es den Geist, löst Ängste und Blockaden. Das Kreuz, an dem Jesus von Nazaret gestorben ist, soll aus Pappelholz gewesen sein.

Tanne

Tannen sollen in vorchristlicher Zeit Sinnbild für Schönheit, Stärke und göttliches Licht gewesen sein. Ab dem 15. Jahrhundert wurden Tannen geschlagen, um zu Weihnachten den Paradiesbaum darzustellen (der dafür mit Äpfeln oder Kugeln behängt wird). Das Holz ist reich an ätherischen Ölen und eignet sich als Konstruktionsholz oder Feuerholz. Wie die anderen Nadelhölzer enthält Tannenholz viel Harz. Weil es aber weniger Funken produziert, ist es auch für offene Kamine gut geeignet.

Trockene Sommer und milde Winter machten es dem Borkenkäfer leicht, die Fichten auf dem Brocken zu zerstören.

Kapitel 7

Ist Holzfeuer klimaschädlich?

Die Klimafrage

Krachend unter Motorsägengeheul stürzende Urwaldriesen führen uns auf schrecklichste Weise vor Augen, wie der Regenwald – eine der größten Reserven von Arten und der wichtigste Speicher von klimaschädlichem Kohlenstoffdioxid (CO_2) – innerhalb kurzer Zeit dramatisch schrumpft. In Minuten stirbt ein Baum, der vielleicht ein Jahrhundert zum Wachsen brauchte. Abholzung ist nicht nur in den artenreichen Tropen dramatisch. Unsere einheimischen Fichten werden bis zu 300 Jahre alt, Tannen erreichen 600 Jahre, und Linden, Eichen und Eiben können älter als ein Jahrtausend werden. Und auch sie sterben in Minuten.

Das Wort »Waldfrevel« für das Beschädigen oder Fällen eines Baumes zeigt, dass der Tod eines Baumes keine Bagatelle ist. Denn »Frevel« bezeichnet die Schändung von etwas Heiligem. Doch der Wald ist ein lebendiges System und eine wirtschaftliche Nutzfläche. Gut bewirtschaftet liefert er nicht nur Tier- und Pflanzenarten eine Heimat, sondern reguliert unser Klima und produziert den Rohstoff Holz.

Holz unterscheidet sich von anderen Rohstoffen wie Erdöl, Steinkohle, Edelmetallen oder seltene Erden durch eine unbezahlbare Eigenschaft: Es wächst nach. Historischer Holzmangel und Holzverknappung, Holzsparprogramme und Holzteuerung hatten möglicherweise auch den Effekt, dass sie den Menschen früh vor Augen führten, dass es sinnvoll und klug ist, den Wald zu schützen und nachhaltig zu bewirtschaften.

Wie man Wald in Deutschland nutzen darf, regeln die Waldgesetze des Bundes und der Länder. Sie sorgen dafür, dass Wald bestehen bleibt und nicht ohne Genehmigung in ein Bau- oder Industriegebiet umgewandelt werden darf.

Zertifizierungssysteme stellen zusätzlich sicher, dass der Wald nachhaltig bewirtschaftet wird. Nachhaltig heißt: Der Waldbesitzer darf nicht mehr Holz schlagen als nachwächst. Rund 70 Prozent der 11,4 Millionen Hektar Waldfläche in Deutschland sind so zertifiziert. Die Frage, ob und inwiefern Holz zu Recht als nachhaltige Energiequelle gilt und das Verheizen von Holz klimaneutral ist, wird immer wieder diskutiert.

Inwiefern ist Holz CO_2-neutral?

Pflanzen wandeln CO_2 aus der Luft mit Hilfe von Sonnenlicht zu Biomasse um. Den Kohlenstoff bauen sie in Laub, Früchte und Holz ein und geben dabei Sauerstoff ab. Am meisten Kohlenstoff können junge gesunde Bäume binden, die gerade wachsen. Sie legen am schnellsten an Masse zu und verbauen entsprechend viel Kohlenstoff in Stamm und

Zu fällen einen schönen Baum,
braucht's eine halbe Stunde kaum.
Zu wachsen, bis man ihn bewundert,
Braucht er, bedenkt es, ein Jahrhundert!
Eugen Roth (1895–1976)

Ästen. Eine Fichte entzieht der Atmosphäre in ihrem 100-jährigen Leben fast 2 Tonnen CO_2. Im Durchschnitt bindet ein Baum 6 Kilogramm CO_2 pro Tag und produziert dabei 5 Kilogramm Sauerstoff. Ausgewachsene Bäume, die nicht mehr an Masse zulegen, speichern weniger Kohlenstoff als junge. Deshalb ist es sinnvoll, wenn die Forstwirtschaft dafür sorgt, dass der Wald in der Wachstumsphase bleibt – dazu werden alte Bäume geschlagen und junge gepflanzt. Das geerntete Holz hat viele Nutzungen – mit unterschiedlicher Klimabilanz.

Der Kohlenstoff, der in Bauholz steckt, entweicht nicht. Damit ist jede Holzständerkonstruktion, jeder Dachstuhl und jede Profilholzfassade ein CO_2-Speicher. Rest- und Abfallholz, das bei der Holzernte und in der Sägerei anfällt, wird verwertet, indem man es verbrennt. Auch ausgedientes Bauholz landet oft in Großfeuerungsanlagen – zusammen mit Restholz aus dem Wald, von Borkenkäfern zerfressenen Stämmen und Rinde. 13,3 Millionen Tonnen Holz und Rinde landeten 2018 in Kraftwerken sowie Anlagen, die Industrie, Gewerbe und auch Haushalte mit Strom und Wärme versorgen. Weitere 6,5 Millionen Tonnen Holz kamen in Kleinfeuerungsanlagen. Dazu zählen Kamine und Kachelöfen, aber auch Holzzentralheizungen. »Thermische Verwertung« lautet der euphemistische Begriff für diese Holznutzung. Wenn Holz verbrennt, entsteht CO_2. Das Klimagas, das ein Baum in seiner jahrzehntelangen Wachstumsphase gebunden hat, wird auf einen Schlag freigesetzt. Kann das klimafreundlich sein?

In Deutschland lautet die Antwort: Ja, denn die jungen Bäume, die anstelle der gestürzten oder geernteten Stämme wachsen, nehmen den Kohlenstoff wieder auf. Da in Deutschland die Holzmenge pro Hektar zunimmt, wird derzeit weniger CO_2 durch Holzverbrennung freigesetzt, als gleichzeitig gespeichert wird. In Deutschland ist die CO_2-Bilanz von Brennholz damit negativ. Zurzeit wächst der Holzbestand in Deutschland um rund 3 Prozent im Jahr.

Bei der 3. Bundeswaldinventur 2012 hatte der Waldvorrat im Bundesgebiet seit der letzten Zählung elf Jahre zuvor um 227 Millionen Festmeter zugenommen. Und von 2012 bis 2017 wuchs er um weitere 6 Prozent auf 3,9 Milliarden Festmeter. Die Verbrennung von Holz verursacht also keinen Rückgang der Wälder – zumal in Energieerzeugungsanlagen bevorzugt Rest- und Altholz genutzt wird. Holz-

Nachhaltigkeit stammt aus dem Wald

Der Begriff »Nachhaltigkeit«, der heute fast inflationär für alles verwendet wird, was irgendwie gut für Klima und Umwelt ist, stammt aus der Forstwirtschaft. Wer mit Wald wirtschaftet, muss langfristig planen, denn wer seinen Nachfahren einen lukrativen Wald hinterlassen will, muss ihn so nutzen, dass auch spätere Generationen von ihm profitieren können – nachhaltig eben. Das Wort tauchte erstmals 1713 in einer forstwirtschaftlichen Abhandlung des sächsischen Kammerrats Hans Carl von Carlowitz auf.[53] In forst- und landwirtschaftlichen Werken bezeichnete der Begriff fortan ein dynamisches Gleichgewicht, das Beständigkeit garantiert. In Meyers Konversationslexikon von 1905 heißt es, ein Forst sei die nachhaltige Form einer Waldwirtschaft. Heute ist nachhaltig die Übersetzung des englischen *sustainable* und wird auch außerhalb der Holzwirtschaft für eine Ressourcennutzung verwendet, die die natürliche Regenerationsfähigkeit eines Systems sicherstellt.

pellets beispielsweise bestehen zu 80 Prozent aus Abfällen der Sägewerke.

Liegenlassen ist keine Lösung

Weil Holz CO_2 bindet, ist eine naheliegende Forderung für das Klima, Altholz im Wald liegen zu lassen, anstatt es zu verbrennen. Schließlich bleibt das CO_2 so auf dem Waldboden und belastet nicht die Atmosphäre. Dieser Praxis hatte sich der erste deutsche Nationalpark, der Nationalpark Bayerischer Wald verschrieben. Holz war zur Zeit seiner Gründung 1970 nicht viel wert, und man wollte »Natur Natur sein lassen.« Als ein Sturm 1983 Bäume mit rund 30.000 Festmetern Holz zu Fall brachte, ließ man das Totholz liegen. Doch Borkenkäfer vermehrten sich rasant, und in den 90er-Jahren starben die hoch gelegenen Wälder großflächig ab. In Teilen des Nationalparks wurden daraufhin die Borkenkäfer bekämpft.

Auch ohne Schädlingsbefall ist das Liegenlassen von Holz keine sinnvolle Alternative zur Nutzung. Ob Holz verbrennt oder verrottet – die CO_2-Emissionen sind gleich. Der amerikanische Dichter Robert Frost schreibt schon 1915 über einen vermodernden Holzstapel (»The Wood-Pile«): »And leave it there far from a useful fireplace / To warm the frozen swamp as best it could / With the slow smokeless burning of decay.«[54]

In nicht bewirtschafteten Urwäldern halten sich Speicherung und Freisetzung von CO_2 die Waage. In nachhaltig bewirtschafteten Wäldern entsteht Bauholz, das über die Lebensdauer des Baumes hinaus CO_2 bindet, sowie Brennholz, das im besten Fall fossile Brennstoffe ersetzt und damit das Klima schützen hilft.

CO2 und Erderwärmung

Seit mit der Erfindung der Dampfmaschine 1712 die Industrialisierung begann, ist die Erdatmosphäre 1 Grad wärmer geworden. Gleichzeitig ist der Anteil von Kohlendioxid in der Luft von 280 ppm[55] auf 417 ppm angestiegen. Es gilt als erwiesen, dass der menschengemachte Ausstoß an Kohlendioxid für den Temperaturanstieg verantwortlich ist. In den letzten sechs Jahrzehnten ist dieser Anstieg dramatisch und deutlich geworden. Die durchschnittlichen Wintertemperaturen in Europa haben sich um 2,7 Grad erhöht.

Wenn sich an den Emissionen nichts ändert, wird sich die Erdatmosphäre bis Ende des Jahrhunderts voraussichtlich um 5,8 Grad erwärmen. Die Konsequenzen für das Leben auf der Erde wären dramatisch. Deshalb versucht man in den meisten Ländern der Erde, den Ausstoß an Klimagasen zu drosseln und den Temperaturanstieg auf 1,5 Grad zu drücken.

Bei jeder Verbrennung eines kohlenstoffhaltigen Energieträgers entsteht CO2. So werden aus 1 Kilogramm Benzin 3,1 Kilogramm CO2 freigesetzt; die Verbrennung von 1 Kilogramm Kohle ergibt 3,7 Kilo CO2, von 1 Kilogramm Holz (je nach Feuchtigkeit und Art) ungefähr 1,8 Kilogramm. Derzeit werden pro Jahr etwa 10 Gigatonnen[56] Kohlenstoff in die Atmosphäre geblasen.

Sie stammen hauptsächlich aus fossilen Brennstoffen wie Braunkohle, Steinkohle, Erdöl und Erdgas. Diese »fossilen Energieträger« produzieren Wärme und CO2, wenn sie verbrannt werden. Sie enthalten Kohlenstoff, der vor 350 bis 500 Millionen Jahren von Pflanzen aus der Atmosphäre aufgenommen wurde.

70 Prozent der weltweiten CO2-Emissionen stammen aus Städten. Bereits jetzt leben 4,5 Milliarden Menschen in

Als Holzschnitzel können Abfälle aus Baumschnitt und Sägerei eine klimaneutrale Alternative zu fossilen Brennstoffen sein.

Städten, das entspricht 57 Prozent der Weltbevölkerung. Bis 2030 sollen es 5,2 Milliarden sein. Allein Bau und Heizung von Häusern verursachen 38 Prozent der globalen Treibhausemissionen. Die Produktion von Beton ist für 8 Prozent der weltweiten CO_2-Emissionen verantwortlich, die hitzeintensive Stahlproduktion kommt auf 10 Prozent.

Der Löwenanteil der weltweiten CO_2-Emission entfällt allerdings auf die Wärmeproduktion. Für Wärme und Strom werden Kohle, Holz, Erdgas und Schweröl verfeuert. Dabei entstehen 40 Prozent der CO_2-Emissionen.

Treibhausgase und ihr Effekt

Die Strahlung der Sonne durchdringt unsere Atmosphäre und erwärmt die Erde. Ein Teil dieser Wärme wird zurück

Endenergie

Als Endenergie bezeichnet man all die Energie, die in Haushalten sowie in Industrie und Gewerbe verbraucht wird. Dazu gehören die Heizenergie und der Strom der privaten Wohnung, außerdem die Energie, die der Ofen der Bäckerei verbraucht oder der Server eines Internetunternehmens.

Diese Energie kann sogenannte Primärenergie sein wie die aus Erdgas oder eine sekundäre Energieform haben. Dazu gehört zum Beispiel Strom, der aus Erdgas oder einem Kohlekraftwerk (Primärenergie) stammt. Bei der Umwandlung von primären Energiequellen zu Sekundärenergie geht immer auch Energie verloren. Es ist also effizienter, mit Gas zu heizen als mit Gas Strom zu erzeugen und mit diesem Strom zu heizen.

ins Weltall reflektiert. Bestimmte Gase in der Atmosphäre lassen die Wärmestrahlung nicht durch, sondern schließen sie ein – so wie das Glas im Gewächshaus die Sonnenwärme einschließt. Ohne diesen sogenannten Treibhauseffekt läge die Durchschnittstemperatur auf der Erde bei -18 statt +15 Grad Celsius.

Die Gase, die für den Effekt verantwortlich sind, die »Treibhausgase«, absorbieren die langwellige Wärmestrahlung. Laut Kyoto-Protokoll[57] gehören dazu Kohlendioxid (CO_2), Methan, Stickoxide (N_2O) und Fluorkohlenwasserstoffe. Außerdem tragen auch Wasserdampf und Ozon sowie Wolken, Aerosole und Rußpartikel zu dem Effekt bei.

Das bekannteste Klimagas ist CO_2. Es macht nur 0,04 Prozent der Gase in der Atmosphäre aus, hat aber einen Anteil von 9 bis 26 Prozent am natürlichen Treibhauseffekt. Zusätzlich macht CO_2 82 Prozent der menschengemachten Treibhausgase aus. 800.000 Jahre vor der industriellen Revolution war die Konzentration der Treibhausgase in der Atmosphäre stabil, und vermutlich war sie auch in den 14 Millionen Jahren davor niemals höher als jetzt. Seit dem 18. Jahrhundert ist die CO_2-Konzentration um 40 Prozent gestiegen. Dass dieser Anstieg menschengemacht ist, gilt als unzweifelhaft.

Der Effekt der anderen Gase aufs Klima wird meist in CO_2-Äquivalente umgerechnet. Methan, das vor allem aus der Nutztierhaltung und unverschlossenen Fracking-Bohrungen stammt, vermag 34-mal effizienter als CO_2 Wärme in der Atmosphäre einzuschließen; Stickoxide sind 310-mal effizienter. Beide Gase sind nur in Spuren in der Atmosphäre enthalten, haben aber einen messbaren Effekt auf das Klima.

Im Jahr 2000 trat in Deutschland das Erneuerbare-Energien-Gesetz (EEG) in Kraft. Es regelt die Energieversorgung und schreibt vor, dass Strom aus erneuerbaren Quellen vorrangig ins Netz eingespeist wird. Außerdem garantiert es die Vergütung dafür. Bis 2030 soll der verbrauchte Strom zu 65 Prozent aus erneuerbaren Stromquellen kommen, im Jahr 2050 der gesamte Strom treibhausgasneutral erzeugt werden.

Seit seiner Einführung hat das Gesetz zahlreiche Novellen erlebt. 2004 und 2009 wurde auch die Biomasseverordnung (BiomasseV) angepasst. Sie schreibt Boni für den Einsatz von Waldrestholz und Landschaftspflegematerial vor, regelt den Betrieb von Kraft-Wärme-Anlagen (KWK-Anlagen) und fördert kleine Feuerungsanlagen. Bereits seit Einführung des EEG im Jahr 2000 entstanden immer mehr Holzfeuerungsanlagen. Im Jahr 2000 verbrannten sie 450.000 Festmeter Holz in Form von Briketts (86 Prozent) und Pellets (14 Prozent); zehn Jahre später waren es über 3 Millionen Festmeter – Tendenz weiter steigend.

2019 beschloss die EU den European Green Deal, ein Maßnahmenpaket, das dafür sorgen soll, dass Europa bis 2050 klimaneutral ist. Bis 2030 soll der CO_2-Ausstoß fast halbiert werden. Um dieses ehrgeizige Ziel zu erreichen, müssen viele Hebel bewegt werden:

1. Wälder erhalten und vergrößern, die als »CO_2-Senken« Kohlendioxid binden
2. mehr erneuerbare Energie nutzen
3. Energie effizienter nutzen
4. CO_2-Emissionen senken
5. Emissionsarme Verkehrslösungen entwickeln und fördern

Weil sie schnell wachsen, werden die asiatischen Paulownien auch bei uns als Plantagenbäume angepflanzt.

2021 konkretisierte man die schönen Wünsche mit dem Paket »fit-for-55.« Darin wurden Mindestanforderungen für Gebäude festgeschrieben, Emissionsnormen für neue Autos festgesetzt und Richtlinien für erneuerbare Energien und Energieinfrastruktur formuliert. Rechnerisch ist es möglich, den CO2-Ausstoß so weit zu senken – vorausgesetzt, alte Heizanlagen werden durch effizientere Systeme ersetzt und Häuser durch bessere Dämmung vor Wärmeverlusten geschützt und weniger stark beheizt. Statt Kohle, Öl und Gas sollten dann erneuerbare Energiequellen genutzt werden – zum Beispiel Holz.

Der Krieg Russlands gegen die Ukraine und die damit verbundene Gasknappheit hat nicht nur zur Folge, dass die Bundesregierung auf klimaschädliche Kohle setzt; auch Holz bekommt als Energiequelle neue Aufmerksamkeit.

Voraussichtlich werden Wärmepumpen künftig zur Standard-Heizmethode in Haushalten werden. Bei extremer Kälte kommen diese klimafreundlichen Anlagen allerdings leicht an ihre Grenzen. Eine Kombination mit einem Heizkamin gilt deshalb als klug.

Brennholz ist ein Nebenprodukt der Holzindustrie, lokal verfügbar und erneuerbar. Im Jahr 2020 stammten rund 75 Prozent des eingeschlagenen Holzes von geschädigten Bäumen.[58] Hitze und Trockenheit sorgten für Sturmschäden, doch die größte Rolle spielten Schädlinge wie der Borkenkäfer. Die gestürzten oder befallenen Bäume werden durch Schonungen mit jungen gesunden Bäumen ersetzt, die wachsen und CO_2 binden.

Für die Wärmeerzeugung ist Holz unter den erneuerbaren Energien der mit Abstand beeutendste Rohstoff. Wasserkraft liefert 3 Prozent der erneuerbaren Energie, Solarenergie 11 Prozent. Windenergie steuert 21 Prozent bei, Holz aber mit 65,8 Prozent zwei Drittel aller erneuerbarer Energie in Deutschland. Damit spart Holzenergie pro Jahr 65,9 Millionen Tonnen CO_2 ein. Das entspricht einem Drittel aller Emissionseinsparungen in Wärme, Strom und Verkehr.[59]

Die Rechnung geht allerdings nur dann auf, wenn durch das Heizen mit Holz fossile Brennstoffe eingespart werden. Wer mit einem Elektroauto fährt, spart schließlich auch kein CO_2 ein. Er könnte stattdessen Fahrrad oder Zug fahren. Nur wenn er dafür seinen Verbrenner stehen lässt, vermeidet er Emissionen. Das Klima profitiert nicht davon, dass Menschen erneuerbare Energien nutzen, sondern nur, wenn Sie dafür weniger fossile Energie nutzen.

Private Haushalte

Einer Umfrage von Allensbach zufolge gaben 630.000 Menschen in Deutschland 2022 an, in den nächsten zwei Jahren einen Kamin oder Ofen einbauen lassen zu wollen. Dabei spielen auch die wachsenden Heizkosten eine Rolle. Heizen mit Holz ist wesentlich günstiger als das Heizen mit Gas oder Öl, je nach Quelle um 30 bis 50 Prozent.

Eine Befragung von 9885 Haushalten mit Feuerstelle errechnete einen Brennholzverbrauch von 33,9 Millionen Festmetern im Jahr 2010. Über zwei Drittel davon sind Scheitholz – sei es aus Wald, Garten oder Baumarkt.[60] Wie viel Holz ein Kamin verbraucht, hängt sehr davon ab, wie er gebaut ist. Man rechnet pro Quadratmeter Wohnraum eine Heizleistung von 0,1 Kilowatt. Alte Heizkamine und Öfen haben einen Wirkungsgrad von 40 Prozent. Das heißt, weniger als die Hälfte der Energie, die im Holz steckt, wird in Wärme umgewandelt. Moderne Anlagen, die richtig genutzt werden, haben dagegen einen Wirkungsgrad von 80 Prozent. Sie nutzen das Holz also besser und verbrauchen dadurch weniger.

Bei optimaler Verbrennung entsteht praktisch kein sichtbarer Rauch,
in der Kälte sieht man vor allem Wasserdampf.

Kapitel 8

Feinstaub, Ruß und Black Carbon: Richtig feuern für die Umwelt

Feuer und Emissionen

Wenn es kühl wurde, konnte man die DDR am Geruch erkennen: Dort verbrannten die meisten Menschen in Altbauten Braunkohlebriketts in ihren Vorkriegsöfen, um zu heizen. Durch die Städte und Dörfer waberte der unverwechselbare beißende Gestank der Braunkohlefeuerung. Der Rauch aus den Schornsteinen verfärbte Hausfassaden und verdunkelte bisweilen den Himmel, vor allem biss er unangenehm in der Lunge.

Wenn Steinkohle, Braunkohle oder Erdöl verbrennen, wird Schwefeldioxid freigesetzt. Dieses Gas ist ein bedeutender Bestandteil des gesundheitsgefährdenden Smogs. Zudem reagiert es mit Wasser, wird zu Schwefelsäure, und der saure Regen entsteht.

Heute, mehr als 30 Jahre nach der Wende, ist der Braunkohlegestank selten geworden. Aber auch ein gediegenes Kaminfeuer, in dem hochwertiges Scheitholz brennt, verursacht Abgase, die riechen und die Gesundheit gefährden können. Immer wieder erreichen die Schornsteinfeger Beschwerden über Nachbars Kamin. Auch Ordnungsämter und das Umweltamt müssen sich regelmäßig mit Abgasen und Qualm beschäftigen. Nachbarschaftsstreit über Rauchbelästigung beschäftigt auch Anwälte und Gerichte. Zu Recht?

Bei der Verbrennung von Holz und Kohle reagiert der Kohlenstoff mit Sauerstoff aus der Luft. Dabei entstehen im besten Fall Hitze, Kohlendioxid und Wasser sowie Asche. Wenn die Holzspäne und Kohlekörnchen groß sind und die Verbrennung unzureichend, entstehen aber auch Kohlenmonoxid und Ruß. Besondere Aufmerksamkeit genießt der Feinstaub.

Darunter versteht man feine Partikel, also Staubkörnchen, die weniger als 100 Nanometer[61] Durchmesser haben. Das wurde bereits 1959 auf einem Kongress zur Staublunge im südafrikanischen Johannesburg festgelegt. Seitdem wurden die Messgeräte feiner, die Körnchengrößen differenzierter: Heute unterscheidet man Feinstaub PM 10 (mit einer Partikelgröße von unter 10 Mikrometer) und den ultrafeinen Feinstaub PM 2,5 (mit einer Partikelgröße von

Carbon Black

Wenn Öl, Diesel, Kohle oder Holz nicht vollständig verbrennt, entsteht Ruß. Das ist Kohlenstoff in Feinstaubgröße. Ruß ist sichtbar lästig, wenn er Denkmäler und Fassaden schwärzt. Die Substanz verschmutzt aber auch Boden und Grundwasser, und wie alle Feinstäube ist sie gesundheitsschädlich. Schon die Chinesen, Ägypter und Römer stellten Ruß her, um daraus schwarze Tinte zu machen. Auch für Leder- und Malfarben, Druckerschwärze und Wagenschmiere wurde Ruß verwendet. Heute wird Industrieruß in großem Stil für die Produktion von Autoreifen und Kunststoffen hergestellt. Der englische Begriff »Carbon Black« (auch Black Carbon) für das Industrieprodukt aus möglichst reinem Kohlenstoff taucht auch im Zusammenhang mit Feinstaubbelastung auf.

Weil in Großbritannien jedes Feuer einen eigenen Schornstein haben musste, haben viele englische Häuser mehrere Kamine.

unter 2,5 Mikrometer). Zum Vergleich: Ein menschliches Haar ist 100 Mikrometer dick, Bakterien messen zwischen 0,5 und 70 Mikrometer.

Mit dem Wissen um die gesundheitlichen Folgen der unsichtbaren Schwebteilchen wuchsen auch neue Richtlinien und Grenzwerte für die zulässige Belastung der Luft und damit der Menschen, die sie atmen. Neben der Teilchengröße spielt auch die Giftigkeit und ihre Herkunft eine Rolle.

Die bedeutendste Quelle von Feinstaub in Innenräumen ist Zigarettenrauch, aber auch Laserdrucker und Haarspray, Staubsauger und Kerzen produzieren Feinstaub. In den Städten stammt ein Großteil des Feinstaubs aus den Verbrennungsmotoren im Straßenverkehr. An viel befahrenen Straßen wird so viel Feinstaub in die Luft geblasen, dass Fahrverbote die Anwohner schützen sollen. Die Feinstaubbelastung durch Laster und Autos beschränkt sich aber nicht auf Ballungsräume; der Wind trägt Feinstaub bis zu 500 Kilometer über Land. In Bayern stammen 57 Prozent des Feinstaubs aus dem Straßenverkehr, je 12 Prozent aus Industrieanlagen und landwirtschaftlicher Viehhaltung sowie 16 Prozent aus Kleinfeuerungsanlagen.[62]

Was genau die Teilchen im Körper anrichten, beginnen wir gerade erst zu verstehen. Je mehr Teilchen eingeatmet werden, desto höher steigt der Blutdruck – mit allen Risiken, die daraus folgen. Studien deuten darauf hin, dass eine Belastung mit Feinstaub das Risiko für Herzinfarkt erhöht. Schätzungen zufolge sterben jährlich weltweit 4 bis 6 Millionen Menschen an den Folgen von Luftverschmutzung.

Feinstaub aus dem Kamin?

Wenn in verkehrsarmen Villenvierteln Messstationen genauso viel Feinstaub feststellen wie an viel befahrenen Straßen, werden oft Kamine dafür verantwortlich gemacht. Zwar bilden Wetter und Lage, Müllverbrennungsanlagen und Landwirtschaft, Verkehr und Industrie eine komplexe Gemengelage, doch zeigen Analysen des Umweltbundesamtes, dass die Feinstaubbelastung in Deutschland allgemein sinkt und heute das niedrigste Niveau seit Beginn der Messungen hat.

Regelmäßige Untersuchungen zeigen, wie die Staubkonzentrationen aus Schornsteinen in den vergangenen Jahrzehnten zurückgegangen sind: 1975 bliesen Öfen und Kamine 380 Milligramm Staub pro Kubikmeter Abgas in die Luft. Zehn Jahre später waren es noch 175 Milligramm. Heute wird der Grenzwert von 40 Milligramm eingehalten.

Grund dafür sind vor allem moderne Kaminöfen und Kamine, die durch ihren Aufbau, die Luftzufuhr und die verwendeten Materialien effizienter verbrennen und damit bes-

Entwicklung der PM_{10}-Jahresmittelwerte
im Mittel über ausgewählte Messstationen im jeweiligen Belastungsregime, Zeitraum 2000–2024

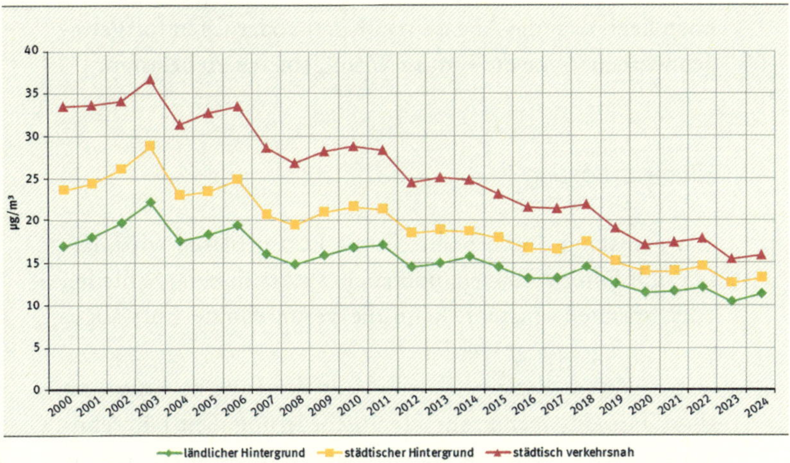

Die Feinstaubbelastung unterliegt Schwankungen, geht aber zurück.

ser heizen und weniger Abgase produzieren. Deshalb ist es weiterhin sinnvoll, offene Kamine mit Einsätzen zu versehen und alte Öfen durch moderne zu ersetzen. Hier gibt es enormes Potenzial für den Emissionsschutz, denn 2015 waren mit 2 Millionen erst 18 Prozent der Einzelfeuerstätten auf dem heutigen Stand der Technik. Sie wurden seit 2010 eingebaut. Alle anderen entsprechen modernen Anforderungen nicht. Man könnte sie aus Emissionsschutzgründen stilllegen – oder modernisieren. Bis Ende 2024 sollten sämtliche Kamine und Öfen in Privathaushalten modernisiert und dementsprechend effizient sein – oder für immer kalt bleiben.[63]

Die Immissionsschutzverordnung schrieb für den Weiterbetrieb Grenzwerte vor: 0,15 Gramm Staub und 4 Gramm Kohlenmonoxid je Kubikmeter Abgas sind erlaubt. Wie seit Anfang 2025 der Vollzug dieser Vorgabe gehandhabt wird, ist von Bundesland zu Bundesland verschieden. Zusätzlich verlangt das Gesetz Schornsteine, deren Austrittsöffnung so hoch liegt, dass die Abgase von Kamin oder Ofen fortgetragen werden, ohne die Luft in Wohngebieten zu belasten.

Filter als Lösung?

Wo Feinstaub durch Rohre in die Luft geblasen wird, lassen sich Filter einbauen, und auch wo Staub beim Schleifen oder Spritzen entsteht, kann die verunreinigte Luft abgesaugt und gereinigt werden.

Unsichtbar winzige Partikel aus der Luft zu holen, ist allerdings eine technische Herausforderung. Seit Jahrzehnten fordern Umweltverbände Dieselrußfilter. Erst um die Jahrtausendwende erreichten taugliche Filtersysteme für LKW Serienreife. Dabei gab es bereits während des Ersten Weltkriegs Versuche dazu, denn die dieselbetriebenen U-Boote verrieten sich durch ihre Rußfahne.

Auch Öfen und Kamine produzieren Ruß, dessen Ausstoß sich durch ein Filtersystem verhindern lässt. Das Bundes-Immisionsschutzgesetz regelt deshalb nicht nur die zulässigen Abgase von Motoren, Öl- und Gasverbrennung, sondern schreibt Normen für Öfen und Kamine vor und fordert den »neuesten Stand der Technik«. Aber was ist der Stand der Technik? Zahlreiche Hersteller bieten Feinstaubfilter für Kamine an. Man unterscheidet zwei Grundtypen: aktive und passive Feinstaubfilter.

Aktive Feinstaubfilter

Sie sind »Partikelabscheider«, funktionieren mit Strom und eignen sich für Anlagen mit einer Leistung von bis zu 25 Kilowatt. Aktive Filteranlagen werden von Fachleuten ins

Abgasrohr eingebaut. Der Filter lädt die Rauchbestandteile elektrisch auf, sodass sie sich an der Wand des Rauchrohrs festsetzen. Damit der Kamin weiter gut zieht, muss das Rauchrohr regelmäßig gereinigt werden. Aktive Anlagen sind sehr effizient: Sie können 90 Prozent des Feinstaubs aus dem Abgas des Kamins oder Ofens herausfiltern.

Passive Feinstaubfilter

Sie ähneln Katalysatoren, sind in der Anschaffung günstiger und brauchen keinen Strom. Ähnlich wie beim Dieselpartikelfilter im Auto strömt das Abgas durch die Poren eines Filters aus Keramik. An dessen Oberfläche lagern sich die Feinstaubteilchen ab. Bisher ist die Wirksamkeit solcher Systeme aber sehr gering, weil der Abgasweg nicht vollständig verschlossen werden darf.

Wenn man die Oberfläche mit Edelmetall belegt, kann eine katalytische Wirkung erzielt werden. So werden Kohlenmonoxid und Kohlenwasserstoff in weniger schädliches Kohlendioxid und Wasser umgewandelt. Viele Rußpartikel verbrennen in der Hitze restlos. Weil sich dort alles ablagert, muss die Filterkassette regelmäßig gereinigt, gewartet und gelegentlich ausgetauscht werden.

Richtig feuern reduziert Abgase

Die ungeregelte Verbrennung in Ofen oder Kamin läuft selten vollständig ab, und es entstehen zusätzlich zum CO_2 die Treibhausgase Methan, außerdem Ruß und Feinstaub. Was und wie viel aus dem Schornstein in die Umwelt gelangt, hängt zum einen davon ab, wie gut die »Einzelfeuerungs-

Ein Kamin mit Glasscheiben ist von zwei Seiten ein Hingucker.

anlage«– so der Fachbegriff für Kamine und Öfen – ist, zum anderen davon, was darin wie verfeuert wird.

Untersuchungen aus den 80er-Jahren in Norwegen zeigten in ländlichen Gebieten extreme Luftbelastung durch die Holzöfen. Vor allem bei mildem Wetter war die Luftbelastung durch Staub hoch.

In dieser Zeit war es üblich, den Ofen abends mit feuchtem Holz zu bestücken und die Luftzufuhr zu drosseln, damit das Feuer in der Nacht schwelte und der Ofen lauwarm blieb.

Wenn die Öfen bei großer Kälte tüchtig befeuert wurden, litt die Luftqualität weit weniger. Mittlerweile regeln strenge Emissionsgesetze die Holzfeuerung. Moderne Öfen verbrennen besser und heizen effizienter, außerdem informieren Kampagnen über korrektes Heizen.

Während früher 40 bis 50 Gramm Feinstaub pro verbranntes Kilogramm Holz durch den Schornstein stoben, sind es bei modernen Öfen, Kaminöfen oder Heizkaminen und korrekter Feuerung nur noch 1,25 Gramm pro Kilo Holz.

Außerdem nutzen moderne Öfen 80 bis 85 Prozent der Energie, die im Brennholz steckt. Eine Stromleitung verliert auch heute noch 20 bis 30 Prozent des Stroms auf dem Weg zum Endverbraucher. Die Heizenenergie moderner Öfen und Kamine entsteht also nicht nur emissionsärmer, sondern auch wesentlich effizienter als Strom.

Auch in der besten Anlage entscheidet die Art, wie gefeuert wird, darüber, was in die Umwelt gelangt. Gut ist ein Holzfeuer, wenn getrocknetes Holz verwendet und richtig gefeuert wird.

Um die Entwicklung von Ruß und Feinstaub gering zu halten, genügt es, sich an folgende Tipps zu halten:[64]

1. *Die Feuerstätte sollte sauber und technisch einwandfrei sein.*

2. *Zum Anzünden kleinstückiges Holz verwenden.*
   Das sind Holzscheite mit einem Durchmesser unter 5 Zentimeter und fingerdicke Anzündhölzer. Auch ein Fidibus (etwa ein in Wachs getränkter Weichholzstab) hilft beim Anzünden, ebenso Anzündwürfel, Anzündkissen oder Zündwolleanzünder. Papier brennt zwar schnell und zuverlässig, doch gehört es nicht in den Kamin. Papier enthält Farbstoffe und Bindemittel, die beim Verbrennen Schadstoffe freisetzen. Selbst Eierkartons, die als Lebensmittelverpackung keine Schadstoffe enthalten dürfen und aus reinem Zellstoff bestehen, sollten nicht verfeuert werden.

3. *Holz von oben anzünden*
   Heute gilt das Anzünden von oben als Methode der Wahl. Dazu werden die Brennholzscheite als unterstes in den

Kamin oder Ofen gestapelt und das Anmachholz quer daraufgelegt und in mehreren Lagen luftig geschichtet. Eine zusätzliche Anzündhilfe auf oder in dem Stapel sorgt dafür, dass weniger Rauch entsteht und weniger Holz verbraucht wird. Allerdings dauert es etwas länger, bis das Scheitholz Feuer fängt.

4. *Die richtige Holzmenge verwenden*
Viel hilft nicht immer viel. Wie viel Holz in einen Ofen oder Kamin gehört, steht in den Informationen des Herstellers. Ein vollgestopfter Brennraum behindert den Brand.

5. *Das richtige Brennmaterial verwenden*
Die Holzstücke sollten nicht zu groß und nicht zu feucht sein. Holz sollte gespalten sein und möglichst wenig Rinde haben. Eine Dicke von 6 bis 12 Zentimeter ist optimal. Rundholz sollte ab 8 Zentimeter Durchmesser gespalten werden. In den Kamin gehört nur unbehandeltes Holz – keine lackierten oder geleimten Hölzer, Faser- oder Spanplatten.

6. *Nur gut getrocknetes Holz verwenden*
Richtig gelagert kann man gespaltenes Holz innerhalb eines Jahres verbrennen. Dazu sollte es auf der Südseite des Hauses regengeschützt und gut durchlüftet mit Abstand zum Boden liegen. Das Bundesimmissionsschutzgesetz erlaubt eine maximale Feuchtigkeit von 25 Prozent. Optimal ist eine Restfeuchte von 15 Prozent, aber auch 20 Prozent sind bereits gut für ein Kaminfeuer. Mit einem Holzfeuchtemessgerät aus dem Baumarkt lässt sich der Wert einfach ermitteln. Feuchtes Holz entzieht dem Feuer Wärme und bremst die Verbrennung. So entstehen mehr Schadstoffe, außerdem lagern sich Wasser

und unverbrannte Holzreste im Schornstein ab, was zu Schäden führen kann.

7. *Luftzufuhr richtig regeln*
Sobald die Flammen die gesamte Holzmenge entzündet haben, sollte man die Luftzufuhr drosseln. In der Regel erklärt die Gebrauchsanweisung von Kamineinsatz oder Ofen, wie die Luftzufuhr geregelt wird.

8. *Rechtzeitig nachlegen*
Holznachschub gehört nicht in lodernde Flammen, sondern ins Glutbett, damit es schnell zündet. Bis neues Holz Feuer fängt, schwelt das Holz eventuell, und dabei läuft die Verbrennung nicht vollständig ab. Das verursacht Ruß und Abgase. Der richtige Moment zum Nachlegen ist, wenn eine Grundglut entstanden ist und nur noch kleine Flammen zu sehen sind.

9. *Richtig Nachlegen*
Die Tür zum Feuerraum sollte langsam geöffnet werden, damit kein Rauch austritt. Die Glut wird zu einem kompakten Glutbett zusammengeschoben, bevor neuer Brennstoff nachgelegt wird. Jetzt dürfen auch Holzbriketts eingesetzt werden, sofern dies in der Bedienungsanleitung des Herstellers erlaubt ist. Holzscheite werden mit der Spaltkante nach unten auf die Glut gelegt. Damit das Feuer gut in Gang kommt, sollte man auch den Luftschieber wieder etwas öffnen. Auch hier hilft die Gebrauchsanleitung des Herstellers.

Eine Schwedin zeigt 1916,
wie sie mit Feuerstahl und Eisen Funken schlägt.

Kapitel 9

Anmache: Feuerstein, Phosphor und Feuerzeug

Funken schlagen

Was nützt das Wissen um Feuer, wenn man es nicht selbst entfachen kann? Blitzschläge kommen selten, wenn man sie braucht, und wenn, dann verhindert der Regen bei den meisten Gewittern, dass ein Brand entsteht. Feuer selbst entfachen zu können, war eine lebenswichtige Angelegenheit. Unsere Vorfahren waren erstaunlich findig darin.

Dass Funken Feuer entzünden können, werden die Menschen schnell verstanden haben. Wer Feuer wollte, musste also Funken hervorrufen können. Von den Bewohnern der Pfahlbauten in der frühen Jungsteinzeit wissen wir, dass sie ihre Feuer entfachten, indem sie Pyrit auf Pyrit schlugen – oder um Pyrit zu sparen, Feuerstein auf Pyrit. Eine Sensation war es, als in Frankreich bei einer Grabung in einer Höhle, in der Neandertaler gelebt hatten, Pyrit und Feuerstein sowie 35.000 Jahre alte Holzkohle gefunden wurde. Das älteste Feuerzeug der Welt.

Pyrit ist ein Mineral, das wegen seines goldfarbenen Glanzes auffällt. Schlagen zwei Pyritstücke aufeinander, sprühen sie Funken. Die Kristalle – auch Schwefeleisen oder Schwefelkies genannt – waren praktisch das Feuerzeug der Jungsteinzeit. Bei Ausgrabungen fand man sie mit Birkenrindenteer in praktische Griffe aus Hirschhorn eingefasst.

Pyrit, Schwefelkies oder Katzengold ist ein Mineral aus Eisen und Schwefel, das bereits in der Steinzeit zum Feuerschlagen verwendet wurde.

Damit schlug man auf Pyrit oder Feuerstein. Damit die Funken einen Effekt hatten, musste leicht entflammbares Material neben dem Schlagempfänger liegen, der Zunder.

Meist handelte es sich um den sogenannten echten Feuer- oder Zunderschwamm (Fomes fomentarius),[65] einen konsolenförmigen Pilz, der an morschem Holz wächst. Der bis zu 40 Zentimeter breite braunrote Baumschwamm ist frisch allerdings fürs Feuermachen unbrauchbar. Wie daraus in der Jungsteinzeit Zunder wurde, ist unbekannt.

Ab dem Mittelalter wurde das Pilzfleisch geschnitten und fermentiert und chemisch behandelt, bis aus dem Feuerschwamm eine rehbraune filzartige Masse wurde, die sofort zu glimmen anfängt, wenn ein Funke auf sie fällt. Bereits der neolithische Gletschertote Ötzi trug Zunder aus Baumschwamm bei sich.

Zunderschwämme wie diese wurden von Schwammklöpplern zu Zunder verarbeitet.

Im Thüringer und Bayerischen Wald, dem Odenwald und Schwarzwald wurden Buchen und die darauf wachsenden Feuerschwämme regelrecht angebaut. Der Erlös aus der Schwammgewinnung überstieg bisweilen den Erlös aus dem Holzverkauf. Im 16. Jahrhundert entstand das Gewerbe der Schwammklöppler und Zunderschläger, deren Produkte von Hausierern vertrieben wurden.[66]

»Zunder« war ein Begriff für leicht entflammbares Material. »Leinwandzunder« bestand aus halb verbrannten Leinen-Lumpen und war verbreitet, weil er in jedem Haushalt günstig hergestellt werden konnte. Auch Torf, Werg, wollige Samen bestimmter Pflanzen und Papier, das mit Salpeter und Bleizucker getränkt wurde, diente als Zunder.

Zunder jeder Art musste sorgfältig verwahrt werden, damit er trocken blieb. In Nord- und Süddeutschland wurde dafür die Zunderlade (»Tunnerlah«) verwendet: eine Holzschachtel mit einem offenen Fach für Feuerstahl oder Feuerstein und ein verschließbares Fach für den Zunder.

Obwohl die Eisenzeit in Griechenland bereits 1100 v. Chr. begann, blieb Pryrit auch bei den Römern die am meisten genutzte Funkenquelle. Erst mit der Völkerwanderung wurde Feuerstahl allgemein üblich: Statt mit Pyrit schlug man mit einem Stahl auf Feuerstein. Vom Frühmittelalter bis ins 19. Jahrhundert änderte sich nicht viel an der Form der Feuerstähle: Sie waren P- oder D-förmig, damit man gut hineingreifen und den Stahl beim Schlagen sicher führen konnte.

Ab dem 18. Jahrhundert wurden Feuerstähle kunstvoller, oft bestanden sie aus Messing, in das eine Stahlschiene eingelassen und das mit Tierköpfen dekoriert war. Es gibt Multifunktionswerkzeuge, die gleichzeitig als Pfeifenstopfer oder Korkenzieher dienten oder eine integrierte Zange für den Zunder haben.

»Biedermeierfeuerzeug« nannte man Feuerstähle, an denen ein bestickter Beutel mit Schwamm und Stein befestigt war. Wenn Stahl und Zunder gut waren, brauchte es nur wenige Schläge, um damit Feuer zu schlagen. In der Regel dauerte es 15 Sekunden bis zur ersten Flamme.[67]

Feuerzeuge

Das Feuerzeug heißt so, weil es ursprünglich mehr war als ein Gegenstand. So wie Nähzeug mehr ist als eine Nadel und Flickzeug mehr als ein Fahrradflicken. Heutzutage würde man eine Sammlung von Gegenständen, die gemeinsam einem Zweck dienen, vermutlich als Set bezeichnen.

Ein Steinschlossfeuerzeug in Aktion.

Als Abwandlung des Gewehrschlosses entwickelte der französische Büchsenmacher Marin de Borgeoys 1610 das Steinschlossfeuerzeug. Beim Steinschloss schlägt ein Feuerstein auf einen Feuerstahl und verursacht so den Zündfunken, der im Gewehr das Schwarzpulver entzündet und so den Schuss löst. Steinschlossfeuerzeuge waren im 18. Jahrhundert weit verbreitet, gern als Schreibtischgarnituren mit integriertem Tintenfass und Streusandbehälter. Die oft kunstvoll gravierten und intarsierten Stücke dienten dem Entzünden der Kerze für den Siegellack. Andere Feuerzeuge waren mit einem Wecker oder einer Tischuhr verbunden.

Bald nach 1800 verdrängten chemische Feuerzeuge die Utensilien und Apparaturen zum Feuerschlagen. Der Chemiker Johann Wolfgang Döbereiner entdeckte in Jena, dass Platin bei Raumtemperatur Wasserstoff entzünden kann. 1823 präsentierte er sein Feuerzeug. Es bestand aus einem Behälter mit verdünnter Schwefelsäure und einer Glasglocke mit einem Zinkkolben. Wurde mit dem Hebel oben das Ventil geöffnet, strömte Gas aus der Glocke, die Schwefelsäure reagierte mit Zink, und Wasserstoff entstand. Der wurde auf einen Platinschwamm geleitet, wo er sich entzündete.[68]

Binnen kurzer Zeit wurden Zehntausende solcher Feuerzeuge hergestellt – aus Glas und Porzellan, in Messing- oder Blechzylindern mit Perlenstickerei umkleidet oder mit Lackmalerei verziert.

Bis 1880 wurden die Feuerzeuge produziert, doch kamen sie 1850 aus der Mode. Zu mühsam war es, Schwefelsäure nachzutanken und den Platinschwamm zu erneuern.

Döbereiner-Feuerzeug

Die ersten Gasfeuerzeuge überhaupt waren die elektrischen Zündmaschinen. Sie waren zwischen 1780 und 1830 in Gebrauch – eine Glaskugel mit Wasserstoff und eine mit Wasser. Das herunterlaufende Wasser drückte das Gas aus dem Behälter. Zwei Elektroden an der Austrittsdüse entzündeten den Wasserstoff. Ihre Ladung erhielten sie von einem Elektrophor, einer mit Katzenfell geriebenen und dadurch statisch aufgeladenen Harzplatte. Weil die Bauteile der Apparatur nebeneinander auf dem Tisch standen, war so ein »Feuerzeug« weniger ein Gebrauchsgegenstand als ein physikalisches Experiment. Auch die galvanischen Feuerzeuge, bei denen der elektrische Strom aus in Säure getauchten Metallplatten entsteht, setzten sich nicht durch.

Das pneumatische Feuerzeug beruht auf dem Phänomen, dass Luft sich erhitzt, wenn sie komprimiert wird. Entdeckt wurde der Effekt immer wieder, etwa als sich in einer französischen Gewehrfabrik in einer Windbüchse (dem Vorläufer des Luftgewehrs) ein Stück Leinwand entzündete. Die Erfindung des Kompressionsfeuerzeugs wird verschiedenen Menschen zugeschrieben.

Auf Borneo und den Philippinen wurde es wohl schon lange verwendet und ist bis heute im Gebrauch. Dort wird es aus Bambusrohr hergestellt. In Europa wurde ein Glaszylinder verwendet, an dessen Ende ein Feuerschwamm befestigt war. Presste der luftdicht schließende Kolben die Luft zusammen, erwärmte sie sich auf 210 Grad, genug, um den Zunderschwamm zu entzünden.

Die unhandlichen Geräte waren zwar ein gern bestauntes physikalisches Kuriosum im bürgerlichen Haushalt, setzten sich aber als Gebrauchsgegenstände nicht durch, da bald Streichhölzer auf den Markt kamen.

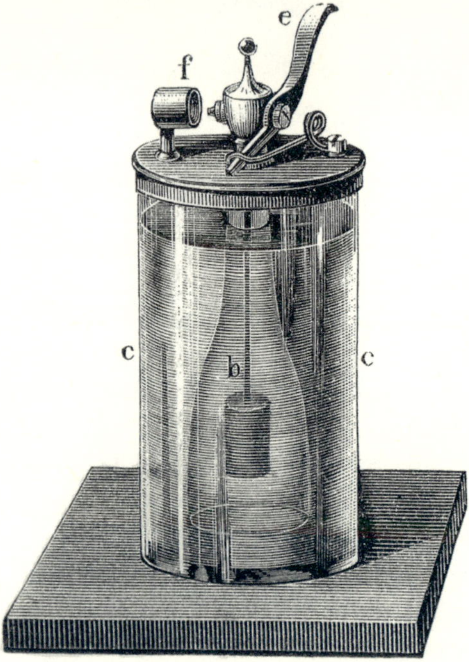

Das Döbereiner Feuerzeug von 1823 erinnert mehr an ein chemisches Experiment.

Weil frühe Streichhölzer aber nur sehr langsam zündeten und oft erloschen, bevor das Holz in Brand geriet, erfreute sich das Luntenfeuerzeug bei Rauchern einer gewissen Beliebtheit. Es bestand aus einer dicken Lunte aus Baumwolle, die durch Kaliumbichromat und Salpeter gelb gefärbt war. Gezündet wurde die Lunte mit verschiedenen Methoden. Sogar Feuerstahl und -stein kamen wieder zum Einsatz. Aber auch Zündhütchen (Kupferhütchen mit einer Füllung aus Knallquecksilber) sowie Phosphorzündmasse sorgten für Funken. In den 1880er-Jahren wurden Luntenfeuerzeuge entwickelt, an denen ein Stahlrädchen mit Kurbel an einem Stück Sandstein schliff und so Funken produzierte.

Moderne Taschenfeuerzeuge enthalten ein Rädchen aus Cereisen, einer Legierung aus 70 Prozent Eisen und 30 Prozent Cerium (einer seltenen Erde). Der österreichische Chemiker Carl Auer von Welsbach entwickelte das Cereisen 1902 und produzierte die Legierung in großen Blöcken.

Feuerzeughersteller schnitten sich die passenden Stücke heraus. Zunächst wurden kantige Stücke Cereisen als Reibefläche an Streichfeuerzeugen angebracht. Ein Reibestift entzündete am Cereisen einen Docht, der in benzingetränkter Watte steckte.

Später konnte man kleinere Zündsteine herstellen. Ein geriffeltes Reibrad aus Stahl drückte gegen den Zündstein und entzündete eine Lunte oder einen benzingetränkten Docht.

Vorgeschichte im Dunkeln: Zündhölzer

Die Geschichte des Zündholzes ist kompliziert. Manche Erfindung oder Weiterentwicklung wird verschiedenen Menschen zugeschrieben, die Zusammensetzung der verwendeten Substanzen ist nicht immer klar, und auch die Begriffe sind nicht eindeutig. Sie können unterschiedliche Errungenschaften bezeichnen und eine Methode zur Feuererzeugung kann verschiedene Namen haben. Die ersten Streichhölzer heißen gelegentlich »chemische Feuerzeuge«, und mit »Tunkfeuerzeug« konnte sowohl ein Vitriol- als auch ein Phosphorfeuerzeug gemeint sein.

Als Erfinder des Zündholzes gelten John Walker und Samuel Jones in England sowie in Jakob Kammerer im deutschen Ludwigsburg – was bei allen plausibel scheint. Der Kulturanthropologe Frank Gnegel listet weitere sechs vermeintliche Erfinder auf, denen in ihren Heimatländern die zündende Idee zugeschrieben wird.[69] Angesichts eines uneindeutigen Patentwesens und den vielen Nachahmern der neuen Entwicklung ist die Datenlage ebenso reichhaltig wie verwirrend. Am Ende war die Entstehung des Streichholzes eher ein evolutionärer Prozess als ein Heureka-Moment.

Ein Meilenstein in der Vorgeschichte des Zündholzes war die Entdeckung des Phosphors durch den Hamburger Alchimisten Henning Brand 1669. Der Turiner Arzt Louis Peyla entwickelte daraufhin die Turiner Kerzchen: beiderseits zugeschmolzene Glasröhrchen, in denen ein mit Phosphor und Schwefel getränkter Docht lag. Zerbrach man das Glas, entzündete sich der Docht im Kontakt mit Luftsauerstoff.

Phosphorzündhölzer

Die ersten Reibzündhölzer hatten einen Kopf aus Kaliumchlorat und Schwefelantimon. Er entzündete sich, wenn man ihn an Sandpapier rieb. Diese »Friction-Matches« wurden zuerst von John Walker in England hergestellt – als »Congrevische Reibzündhölzer«, weil General Congreve, der Erfinder der Brandrakete, werbewirksam war. Samuel Jones vertrieb die gleichen Hölzer als »Lucifers« oder »Lucifer Matches«. Es brauchte viel Druck, um sie zu zünden, und oft wurde dabei die gesamte Zündmasse abgestreift. Auch sonst funktionierten sie nicht sehr zuverlässig und waren kein Erfolg.

Fünf Jahres später, 1832, entwickelte Jakob Friedrich Kammerer aus Ludwigsburg aus diesen »Friktionsfeuerzeugen« die ersten Phosphorzündhölzer. Ihr Zündkopf enthielt zusätzlich zum Kaliumchlorat Phosphor. Sie ließen sich an jeder nur etwas rauhen Oberfläche entzünden – wie der Stiefelsohle in Cowboyfilmen.

Streichholzschachteln waren lange ein beliebtes Sammelobjekt.

Diese Phosphorzündhölzer verdrängten binnen weniger Jahre praktisch alle anderen Geräte zum Feuermachen und besiegelten das Ende von Feuerstahl und -stein. Die Zunderbüchse oder -lade hatte selbst im rückständigsten Bauernhaus ausgedient. Die neue Anzündmethode revolutionierte das Licht- und Feuermachen über alle Ländergrenzen hinweg, obwohl ihr Vertrieb in den meisten deutschen Staaten verboten war.

Schließlich waren die Hölzer alles andere als harmlos. Die Zündmasse war eine explosive Mischung, die Herstellung heikel, die Lagerung brandgefährlich. Kutschen und Transportwagen explodierten, wenn die Ladung beim Schaukeln in Reibung geriet, Lager gingen in Flammen auf.

Beim Anreißen der Hölzer entzündete sich die Masse mit einem Knall. Häufig spritzte brennende Zündmasse herum und führte zu schwer heilenden Verbrennungen – oft im

Gesicht. Streichholzschachteln gingen in der Hosentasche in Flammen auf, und heruntergefallene Hölzer entzündeten sich, wenn man darauf trat.

Trotz aller Verbote verbreiteten sich die neuen Anzünder unaufhaltsam. Phosphorstreichhölzer waren zu praktisch, als dass man sie im Alltag hätte vermissen wollen. J. Preshel, der in Wien einer Zündholzfabrik vorstand, stabilisierte die Zündmasse, indem er das explosive chlorsaure Kali durch Bleidioxid ersetzte. Dieser Stoff gibt den Sauerstoff weniger schnell ab. Die neuen Hölzchen waren nicht mehr ganz so unberechenbar. Deshalb wurden nach 1840 die Verbote für diese »Zündwaren« aufgehoben. Die Behörden erließen aber Vorschriften zum sicheren Transport: Streichhölzer mussten vielerorts in Blechdosen mit selbstschließendem

Phosphor als Gift

Phosphor ist ein lebensnotwendiger Baustein des menschlichen Körpers – und pur das reine Gift. Die erste Berufskrankheit war die Phosphornekrose, die bei Arbeitern der Zündholzindustrie verbreitet war, die Phosphordämpfe einatmeten. Sie äußerte sich sichtbar in Entzündungen im Mund und einem schrumpfenden Kieferknochen.

Die Verfügbarkeit von phosphorhaltigen Streichhölzern kam Mord- und Selbstmordabsichten entgegen. Nur wenige Streichholzköpfe genügten, um einen Menschen zu töten. In der zweiten Hälfte des 19. Jahrhunderts wurden 25 Prozent aller Selbstmorde mit Zündholzphosphor begangen. Viele Kinder starben an Phosphorvergiftungen. Auch für Abtreibungen wurde Phosphor verwendet – bei einer Überdosierung starb oft nicht nur das ungeborene Kind, sondern auch die werdende Mutter.

Deckel aufbewahrt werden. Das sollte auch Kinder von den Hölzern fernhalten.

Denn jetzt, da es so einfach war, eine Flamme zu zaubern, wurden die Feuerhölzer eine Gefahr für neugierige Kinder. In der ersten Auflage des moralisierenden Kinderbuches »Der Struwwelpeter« des Frankfurter Arztes Heinrich Hoffmann spielen Streichhölzer noch keine Rolle. »Die gar traurige Geschichte mit dem Feuerzeug«, in der das Mädchen Pauline die verbotenen Zündhölzer entdeckt und bis auf die Schuhe verbrennt, schuf der Autor nachträglich für die Ausgabe von 1846. Offenbar war es nötig, warnend auf die Gefahr durch Zündhölzer hinzuweisen.[70]

Sicherheitszündhölzer

Der Frankfurter Chemieprofessor Rudolph Christian Boettger entschärfte die Streichhölzer mit einer neuen Variante: Er verwendete amorphen und damit ungefährlichen roten Phosphor für die Reibefläche; die Zündholzkappe enthielt nur sauerstoffreiche Stoffe. Diese neuen »Reibzündhölzer ohne Phosphor« zündeten nicht nur deutlich schneller, nämlich sofort. Sie konnten auch bedenkenlos in der Hosentasche getragen werden, weil sie sich nicht selbst entzündeten.[71]

Es ist heute schwer nachvollziehbar, dass diese später »Sicherheitszündhölzer« genannten Anzünder bei den Konsumenten gar keinen Erfolg hatten. Aber dass eine bestimmte Reibefläche erforderlich war und das Streichholz nicht am Kaminsims, dem Herd oder der Schuhsohle angestrichen werden konnte, empfand man als Zumutung. Längst vergessen waren die Zeiten der vielteiligen Feuerzeuge und der aufwendigen physikalischen Apparaturen. Zündhölzer mit obligater Reibefläche erschienen umständlich.

Doch weh! die Flamme faßt das Kleid,
Die Schürze brennt; es leuchtet weit.
Es brennt die Hand, es brennt das Haar,
Es brennt das ganze Kind sogar.

Und Minz und Maunz, die schreien
Gar jämmerlich zu zweien:
„Herbei! Herbei! Wer hilft geschwind?
In Feuer steht das ganze Kind!
Miau! Mio! Miau! Mio!
Zu Hilf'! das Kind brennt lichterloh!"

Verbrannt ist alles ganz und gar,
Das arme Kind mit Haut und Haar;
Ein Häuflein Asche bleibt allein
Und beide Schuh', so hübsch und fein.

Und Minz und Maunz, die kleinen,
Die sitzen da und weinen:
„Miau! Mio! Miau! Mio!
Wo sind die armen Eltern? Wo?"
Und ihre Tränen fließen
Wie's Bächlein auf den Wiesen.

Mit der Erfindung kinderleicht zündender Streichhölzer musste auch der Struwwelpeter um eine Warnung vor dem »Feuerzeug« erweitert werden.

Boettgers Entwicklung kam 1848 auf den Markt, aber 36 Jahre später waren drei Viertel der in Deutschland produzierten Streichhölzer immer noch Phosphorzündhölzer. Die zündeten oft zur Unzeit, und wenn sie es korrekt taten, dann mit 15 Sekunden Verspätung, weil es dauerte, bis erst der Schwefel und schließlich das Holz brannte. 1903 wurde im Kaiserreich das längst überfällige Verbot der Phosphorhölzer auf den Weg gebracht. Als es 1909 in Kraft trat, ging die lange Ära der Selbstentzündung zu Ende.

Schwedenhölzer und Welthölzer

Während Boettgers phosphorfreie Streichhölzer in Deutschland schwer verkäuflich in Lagern alterten und schließlich verbrannt wurden, interessierte sich der Schwede Johan Edvard Lundström in Jönköpping für Boettgers Rezept. Er hatte mit seinem Bruder Carl Frans eine Fabrik aufgebaut, in der Streichhölzer hergestellt wurden. 30 meist weibliche Arbeiter hobelten Espenholzstäbchen und tauchten die Bündel in Zündmasse mit weißem Phosphor – von Hand.

Zunächst stellten die Lundströms auf Boettgers Sicherheitshölzer um. Auf der Pariser Weltausstellung von 1855 bekamen ihre Sicherheitsstreichhölzer die Silbermedaille, weil die Arbeiterinnen und Kinder in der Fabrik nicht mehr durch Phosphor vergiftet wurden. (Kinder ab zehn Jahren klebten die Schachteln.)

Vor allem revolutionierten die Schweden den Herstellungsprozess. Mit dem phosphorfreien Rezept Boettgers entwickelten die Brüder eine maschinelle Fertigung. Dazu gehörten Schneidemaschinen sowie eine Maschine, die Streichholzschachteln faltete und klebte – eine Neuerung, die bis heute auf dem Markt ist. 1880 kam eine Maschine dazu, die die Streichholzschachteln füllte.

Zu ihrer Gründungszeit 1844/1845 produzierte die Fabrik in Jönköpping rund 4000 Streichholzschachteln im Jahr. 1896 waren es 40.000 Schachteln am Tag. Die Fabrik war dabei Teil eines monopolistischen Zündholztrusts, der Svenska Tändstiks A.B. (STAB), zu der alle Streichholzfabriken Schwedens gehörten.

Schweden produzierte weltweit die meisten Streichhölzer. Und nicht nur das: Der Schwedische Konzern stellte in eigenen Maschinenfabriken Anlagen für die Streichholzproduktion her, außerdem gehörten Druckereien und papierverarbeitende Betriebe für die Schachtelproduktion ins Portfolio sowie Beteiligungen an Schifffahrts- und Eisenbahngesellschaften, die die Waren transportierten.

Zündholzsteuer, Schulden und das Zündholzmonopol

Chef des mächtigen Zündholzkonzerns STAB war Ivar Kreuger (1880–1932), der nach dem Ersten Weltkrieg systematisch seine Marktmacht auf die Zündholzindustrien anderer Länder ausdehnte. Anfang der 1930er-Jahre beherrschte Kreuger 85 Prozent der Europäischen Zündholzproduktion und 75 Prozent der weltweiten.

Um die Jahrhundertwende wurden im Deutschen Reich 205 Milliarden Streichhölzer im Jahr produziert (1884 waren es noch 114 Milliarden). Rechnerisch verbrauchte jeder Mensch pro Tag sechs Streichhölzer. Mit der Einführung der Zündholzsteuer schrumpfte die Zahl erheblich: 1910 wurden in Deutschland 72 Milliarden Hölzchen verbraucht. Obwohl die Fabriken nur mit halber Auslastung arbeiteten, führte das zu einer gewaltigen Überproduktion. Und das wiederum drückte den Preis der Schachteln.

In den 1920er-Jahren begann die Svenska Tändstiks über Strohmänner deutsche Streichholzfabriken zu kaufen. Bereits 1926 gehörten dem Konzern 70 Prozent aller deutschen Fabriken. Die verbliebenen versuchte die Schweden aus dem Markt zu drängen, indem sie den Preiskrieg eskalierten.

Noch im gleichen Jahr schlossen sich die letzten unabhängigen Zündholzfabrikanten mit dem schwedischen Syndikat zusammen und schufen so die Deutsche Zündwaren-Verkaufs AG. Sie vergab Produktionsquoten und nahm die gesamte Produktion zum Weiterverkauf ab.[72] Das sogenannte Sperrgesetz verbot die Gründung neuer Streichholzfabriken im Deutschen Reich.

Ivar Kreuger bot dem nach dem verlorenen Weltkrieg hoch verschuldeten Deutschen Reich einen Kredit von 125 Millionen Dollar (525 Millionen Reichsmark). Als Gegenleistung sicherte das Zündwarenmonopolgesetz im Januar 1930 Kreuger ein Verkaufsmonopol. Solche Monopole hatte Kreuger auch in anderen europäischen Ländern ausgehandelt. Allerdings hatte er sich verspekuliert. Als Deutschland, Ungarn, Rumänien und andere ihre Zinsen nicht mehr bezahlten, geriet das Streichholzimperium ins Wanken. 1932 erschoss sich Kreuger in Paris.[73]

Die Monopolgesellschaft aber bestand weiter. Sie kaufte alle Zündwaren in Deutschland auf und vertrieb sie unter eigenem Namen. Der Gewinn ging zu 65 Prozent ans Deutsche Reich und zu 34 Prozent an Kreugers Firma. Die deutschen Produzenten erhielten 1 Prozent des Gewinns.[74]

Dieses Monopol hatte Bestand bis zum 15. Januar 1983, als die letzte Rate der Kreuger-Anleihe durch die Bundesrepublik zurückgezahlt war. Bis zu 17 Millionen Mark hatte der Verkauf von Streichhölzern im Jahr eingebracht – jedenfalls bis in den 1970er-Jahren das Einwegfeuerzeug aufkam.

Strahlungswärme und das bewegte Licht machen Feuer unschlagbar gemütlich.

Kapitel 10

Meditative Flammen fürs Wohlbefinden und eine Kerze fürs Seelenheil

Knistern, flackern, wärmen, leuchten

Feuer ist mehr als gemütlich. Das warme Licht, die Wärme, das Knistern und Knacken sowie der immer neue Tanz der Flammen und die wohlige Wärme, die es ausstrahlt, üben eine besondere Wirkung auf Menschen aus. Deswegen sorgen auch in modernsten Häusern Kamine für Wohligkeit und Entspannung – mehr als intelligente Klimasysteme und unsichtbare Heizungen das können.

Feuer wirkt beruhigend, entspannend und in besonderer Weise heimelig und angenehm. Das sagt uns die Erfahrung, aber stimmt das? Was genau passiert mit Menschen, die an einem Feuer sitzen? Diese Frage stellte sich Christopher Dana Lynn, als er als junger Forscher an die Universität von Alabama kam. Weil es keine Literatur zum Effekt des Kaminfeuers gab, wollte er »schnell und schmutzig« eine Studie dazu machen, die Spaß machte und die Studenten einbezog. Was als kleiner Forschungseinstieg gedacht war, beschäftigte den Anthropologen drei Jahre lang – zu viele unbeantwortete Fragen tauchten auf, zu viele Aspekte der Feuerwirkung schienen interessant. Veröffentlich hat Lynn eine Studie,[75] die zeigt, dass der Blutdruck sinkt, wenn man vor einem Kaminfeuer sitzt und in die Flammen sieht. Das galt ihm als Maß für Entspannung.

Doch muss es ein echtes Feuer sein? Reicht nicht ein Bildschirm, auf dem ein Feuer flackert? Lynns Untersuchung wies nach, dass das Knistern des Feuers nicht so wirksam ist wie das Spiel der Flammen. Den größten Effekt hatte – wenig überraschend – ein echtes Feuer, das man sehen und hören kann und das außerdem Wärme ausstrahlt. (Dafür kühlte Lynn den Raum im warmen Alabama herunter, so konnte das Feuer tatsächlich wärmen.)

Weil Lynn nicht nur mit einem echten Kamin, sondern auch mit Bildschirmen arbeitete, folgten Überlegungen zum hypnotischen Effekt des Fernsehens oder Internets sowie zu halluzinatorischen Effekten von Flammen. Die Feuersitzungen mit Studenten zeigten: Der Blick in die Flam-

Das kleinste mögliche Feuer: Die Kerze

Niemand braucht heutzutage eine Kerze. Trotzdem gibt es unendlich viele Gelegenheiten, die durch das Anzünden einer Kerze hervorgehoben werden. Ein besonderes Essen, das Gedenken an einen Toten, Zeichen setzen im Fenster, sich Besinnen. In Kirchen und Tempeln brennen Kerzen ebenso wie in Meditationsräumen, auf Festtafeln und Geburtstagskuchen. Taufkerzen, ewige Lichter, die Menora- und Chanukka-Kerzen, die Osterkerze, Adventskerzen, Lebenslicht – sie alle sind mehr als eine Lichtquelle.

Nicht nur in der christlichen-jüdischen Tradition spielt das Anzünden einer Kerze eine wichtige Rolle. Ihr Licht gilt als Manifestation Gottes. Jesus, der von sich sagte »Ich bin das Licht der Welt«, hat den Tod und die Dunkelheit besiegt. Deshalb wird zur Taufe eines Kindes eine Taufkerze an der Osterkerze entzündet, die für die Auferstehung und das Leben steht.

men beruhigt; Feuer erhöht die Aufmerksamkeit für andere Reize (man hört am Lagerfeuer auch leise Geräusche), und das Starren in die Flammen hilft dabei, in einen anderen Geisteszustand zu kommen.

Echter als Kaminfeuer auf dem Bildschirm sind elektrische Kamine. Sie gelten als praktische Alternative zum Kamin, der Holz verbraucht, Ruß und Asche erzeugt. In den USA sind sie auch aus Sicherheitsgründen beliebt. Im Elektrokamin wird Kaltwassernebel von Leuchtdioden angestrahlt. Das sieht aus wie Flammen, und eine zusätzliche Heizfunktion kann auch für Wärme sorgen. Die leuchtenden »Flammen« sehen oft täuschend echt aus.

Kerzen werden als Symbol göttlichen Feuers wahrgenommen. Manchen gelten sie als Feuer der Liebe.

Die Kerzenflamme spielt auch im stillen Dialog mit Gott eine Rolle. Viele Menschen entzünden in der Kirche eine Kerze. Solange die Kerze brennt – so die Vorstellung – steigt das Gebet zum Himmel, bringt das Gebet Licht ins Leben des Menschen, der die Kerze »geopfert« hat.

Auch nichtreligiöse Menschen entzünden ein Teelicht am Ort eines Unglücks, um damit ein Zeichen zu setzen, zu mahnen und zu erinnern. Das Anzünden ist ein symbolträchtiger Akt. Die Flamme, die die Kerze verzehrt, die endlich ist wie das Leben, Licht und Wärme bringt und andere entzünden kann, muss als Metapher für vieles herhalten. Das zeigt: Entflammbar sein und etwas entzünden ist und bleibt ein besonderes Bedürfnis des Menschen.

Eine nicht veröffentlichte Studie über die Wirkung von Elektrokaminen, Kaminen und Bildschirmen in Seniorenheimen zeigte, dass Elektrokamine zwar attraktiver sind als Bildschirmfeuer, aber in ihrer Ausstrahlung nicht an Kamine mit echten Flammen herankommen.

Und Gaskamine? Sie werden wie ein Gasherd an das Erdgasnetz angeschlossen oder mit Propangasflaschen betrieben. Sie strahlen Wärme ab und die Gasflammen züngeln um aus Keramik nachgebildete Holzscheite. Sie geben einem Raum zwar eine anheimelnde Atmosphäre. Wenn man aber länger in die Flammen schaut, wird das anders als beim Holzfeuer, das seinen Brennstoff unter Knistern und Knacken verzehrt, bald eintönig. Für das faszinierende Gesamtkunstwerk fehlen Funken, Glut und Geräusch.

Feuer und Meditation

Dass ein Holzfeuer nicht nur warm und hell und damit gemütlich ist, hat vermutlich schon der Homo erectus erkannt. Züngelnde Flammen haben einen optischen Sogeffekt; die ständig neuen Lichteffekte ziehen den Blick an, und es wird nie langweilig, in ein Feuer zu schauen. Forscher gehen längst davon aus, dass das Feuer seit seiner Domestizierung nicht nur zum Kochen und Wärmen gut war, sondern durch seine mesmerisierende Fähigkeit von Anfang an soziale, religiöse und gesundheitliche Funktionen erfüllte.

In seinem Buch »Woundrous Healing: Shamanism, Human Evolution, and Origin of Religion«[76] bringt der amerikanische Soziologe James McClenon das Sitzen ums Feuer mit rituellen Heilungen in Verbindung. Ihnen liege eine Form der Dissoziation zugrunde, ein Auseinandergehen von Bewusstsein und Körper, und das sei eine Urform der Stressbewältigung. In anthropologischen Untersuchungen gilt das Starren in die Flammen als Beginn transzendentaler Meditation und Trance.

Die hypnotische Wirkung von Feuer spielte vermutlich eine wichtige Rolle in der Entstehung religiöser Riten und Heilungszeremonien. Sicher ist: Jede Religion nutzt das Feuer, sei es als Zentrum von rituellen Kreistänzen, als große Scheiterhaufen, als Opferfeuer, ewiges Feuer und als stille Kerzenflamme.

Im antiken Ägypten verehrte man die Feuergöttin Chensit. Eine der Schöpfergottheiten ist Tefnut, die eine Sonnenscheibe auf dem Kopf trägt und ebenfalls für das Feuer steht. Auch im alten Mesepotamien huldigte man zu der Zeit zwei Feuergöttern, Nusku und Gibil.

Bekannter sind der griechische Feuergott Hephaistos, den die Römer Vulkan nannten, und die Göttin des Herdfeuers Hestia (lateinisch: Vesta), deren keusche Priesterinnen im antiken Rom ihr Leben dem Erhalt des ewigen Feuers im Tempel widmeten.

Feuer und Hirnentwicklung

Träumend in züngelnde Flammen zu starren, ist für moderne Menschen schön; für unsere Urahnen könnte es ein entscheidender Schritt zur Entwicklung unseres Geistes gewesen sein. Forscher im Fach der kognitiven Evolution (einer Kombination aus Psychologie, Anthropologie, Neurowissenschaften und Genetik) meinen, dass das Feuer das menschliche Gehirn geändert und so geprägt habe, dass Menschen weitaus besser als die verwandten Affen Probleme lösen und Erinnerungen pflegen könnten.

John Gowlett, Archäologe an der Universität Liverpool, argumentiert, dass das abendliche und nächtliche Lagerfeuer bei den frühen Menschen das Gefühl für Zeit und seine Regulierung fundamental geändert habe. Affen werden mit Sonnenuntergang inaktiv und schlafen. Doch Menschen konnten im Schein der Flammen mehr als 16 Stunden am Tag wach sein, reden, singen, zuhören und Kopf und Hände benutzen.[77] Erst das machte die besondere Entwicklung des menschlichen Geistes möglich.

Auch der Schlaf könnte sich durch die Präsenz von Feuer verändert haben. Der amerikanische Psychologe Frederick Coolidge glaubt, dass erst das Feuer die Frühmenschen so sicher habe schlafen lassen, dass längere REM-Phasen möglich waren. Im REM-Schlaf (Rapid-Eye-Movement-Phasen) ist das Gehirn besonders aktiv: Es wiederholt und lernt neue Fähigkeiten und überführt neue Erfahrungen ins Langzeitgedächtnis. Weil aber gleichzeitig die Muskeln wie gelähmt sind, ist dieser Schlafzustand nicht praktisch, wenn man von nachtaktiven Raubtieren umgeben ist, die einen gern fressen. Weil das Feuer Raubtiere fernhielt, so argumentiert Coolidge, konnten die Hominiden sich lange REM-Phasen erlauben.

Affen verbringen bis zu 15 Prozent ihres Schlafes in REM-Phasen, moderne Menschen dagegen 25 Prozent. Das verbessert ihre Fähigkeit, komplizierte Aufgaben zu bewältigen.[78]

Auch das Starren in die Flammen, das uns bis heute fasziniert, wird mit der Hirnentwicklung in Verbindung gebracht. Schließlich ist es ein Weg, einen meditativen Zustand zu erreichen. Die Hirnregionen, die für Meditation verantwortlich sind, überlappen sich großflächig mit den Bereichen für das Arbeitsgedächtnis. Wer seine Aufmerksamkeit gut lenken kann, weil er durch Meditation geschult ist, kann besser planen und denken.

Feuer und Wohligkeit

Ein knisterndes Kaminfeuer im Wohnzimmer ist: a) chic, b) gemütlich und c) schlau. Für eine Studie, die im *Fachblatt für Energieforschung und Sozialwissenschaften* veröffentlicht wurde, haben schwedische Forscher Menschen befragt, die einen Kamin oder Ofen mit Holzfeuer nutzen.[79] Das ist in Schweden weit verbreitet: 34 Prozent der kleinen Häuser werden mit Holz beheizt. Es gibt rund 1,85 Millionen Feuerstätten im Land: Offene Kamine und solche mit einem Einsatz, die typischen gefliesten Öfen sowie einfache Holzöfen und Kamineinsätze machen dabei 80 Prozent aus.

In Norwegen gibt es Bemühungen, den Gebrauch von Holzöfen für Bioenergie zu stärken. Bereits jetzt beträgt der Anteil von Feuerholz an der Biomassenutzung für Heizung mehr als 40 Prozent. In Deutschland boomen Holzöfen und Heizkamine nicht erst seit der Gaskrise durch den Ukrainekrieg.

In Zeiten von Zentralheizung, Solarthermie und Wärmepumpen erscheint das nicht rational – und ist es auch nicht, wie diese Studie zeigt. Tanzende Flammen sind eine emotionale Angelegenheit. Die schwedischen Forscher fragten, warum die Nutzer Holz verfeuerten. 80 Prozent antworteten: »Weil es gemütlich ist.« Weitere Antworten waren: Weil es die gemütlichste Wärme sei, weil es schön aussehe, weil es in Notfällen Sicherheit gebe, weil man hier mit Freunden und Familie zusammensitze und aus Nostalgie. Alle technischen und energetischen Aspekte erschienen zweitrangig, obwohl die meisten Befragten angaben, die Feuerstelle aus Energie- und Wärmegründen angeschafft zu haben.

»Trivseleldning« ist ein schwer übersetzbares Wort, das soviel wie »Feuermachen fürs Wohlbefinden«, aus Gründen der Gemütlichkeit und Entspannung bedeutet. Auch mit dem dänischen Wort *hygge*, das mittlerweile auch hierzulande als Konzept für nordische Gemütlichkeit steht, verbindet man ein gemütlich knisterndes Feuer und das warme Licht von Kerzenflammen.

Meik Wilking, Begründer des Happiness Research Institutes in Kopenhagen, erklärt *hygge* in seinem entsprechenden Buch als das große Geschenk der Dänen an die Menschheit und sieht seinen Ursprung in den langen dunklen Winterabenden des Nordens – der perfekten Voraussetzung für kuschelige Geselligkeit am warmen Feuer.[80] Doch tatsächlich braucht es weder nordische Kälte noch dunkle Nächte, um das Kaminfeuer für seine atmosphärischen Qualitäten zu schätzen, denn auch in Griechenland dient das Feuer der Entspannung und Geselligkeit.[81]

Gefühle wissenschaftlich festzunageln, ist anspruchsvoll. Psychologen unterscheiden die Regulation und die Generierung von Emotionen – also das Schaffen von Gefühlen und das Steuern von Gefühlen. Für beides wird von verschiedenen Autoren das Feuermachen ins Spiel gebracht. Auch die schwedische Befragung zeigte, dass Menschen Feuer machen, um damit angenehme Emotionen hervorzurufen oder am Feuer auf gute Gedanken zu kommen. Es überrascht nicht, dass selbst in Häusern, in denen das Holzfeuer die wichtigste Wärmequelle ist, die atmosphärische und sozial verbindende Rolle von Ofen und Kamin am meisten betont wurde.

Die Psychoanalyse des Feuers

»Das Feuer ist ein einzigartiges Phänomen, das alles zu erklären vermag. Wenn alles, was sich langsam ändert, sich durch das Leben erklären läßt, so läßt sich alles, was sich

Kerzenlicht hat eine warme Farbtemperatur, die dem Sonnenuntergangslicht ähnelt.

schnell ändert, durch das Feuer erklären. Das Feuer ist überlebendig. Das Feuer ist zutiefst innerlich, und es ist universal. Es ist in unserem Herzen. Es leuchtet am Himmel. […] Es erstrahlt im Paradies. Es brennt in der Hölle. Es ist Labsal und Qual. […] Es ist Geborgenheit, und es ist Ehrfurcht.« Voller Pathos, aber auch erstaunlich modern und treffend schreibt das der französische Philosoph Gaston Bachelard (1884–1962) in seinem Buch »Psychoanalyse des Feuers.«[82] Er war Lehrer für Physik und Chemie, als er es 1938 schrieb, um zu zeigen, dass die archetypischen Bilder, die wir mit Feuer in Verbindung bringen, die Erkenntnis behindern. Für ihn war Feuer nicht nur ein »epistemologisches Hindernis«, also ein Element, das das wissenschaftliche Ergründen des Objekts erschwert; in seinen poetischen

Bildern liege auch eine eigene, emotionale Wahrheit. (Später wurde Bachelard Professor für Philosophie.)

Eine Philosophie der Ruhe lasse sich nicht vorstellen ohne ein flackerndes Holzfeuer: »Am Feuer muß man sich hinsetzen, muß man sich ausruhen, ohne einzuschlafen, muß man die Träumerei der spezifischen Situation akzeptieren.«[83] Und es folgen lange Betrachtungen zur Bedeutung des Feuers als Quelle der Inspiration, seine Rolle für Vorstellungskraft und Erkenntnis.

Gaston Bachelard betont, dass wissenschaftliche Erkenntnis nicht gleichmäßig passierte, sondern nennt die »Diskontinuität« das wesentliche Merkmal wissenschaftlicher Entwicklung. Über 20 Jahre später wurde Thomas Kuhn mit dem Buch zur »Struktur wissenschaftlicher Revolutionen« berühmt und prägte mit genau dieser These die Wissenschaftsphilosophie. Bachelards Buch über das Feuer ist ein starkes Beispiel dafür, wie er sein Forschungsobjekt entrationalisiert. Das Feuer, das physikalisch und chemisch interessant ist, wird bei ihm zu einer poetischen, emotionalen Größe – ein Schritt, der gerade für Feuer besonders gut nachvollziehbar ist. Sein Werk wird bis heute neu aufgelegt und gelesen.

Warm ums Herz

Das warme Licht des Kaminfeuers schmeichelt jedem, der am Feuer sitzt. Doch all die Sensationen des Feuers – die Geräusche, der flackernde Lichtschein, der Duft – reichen nicht als Grund, den Kamin in Betrieb zu nehmen, wenn es draußen warm ist. So wie eine Kerze bei hellem Sonnenlicht nicht romantisch ist, weil ihr Licht nicht strahlt, so wirkt ein Holzfeuer nicht sehr attraktiv, wenn seine Wärme nicht geschätzt wird.

Feuerenthusiasten schwören, dass die Wärme eines Holzfeuers wohliger und durchdringender ist als die von Heizungen. Doch wie wärmt ein Feuer? Wie genau beeinflusst die Brandhitze das Raumklima?

Es gibt drei Arten, wie Wärme von einem Ort zum anderen gelangt: Wärmeleitung, Wärmestrahlung und Wärmeströmung. Feuer strahlt Wärme ab, die sogenannte Wärmestrahlung oder Strahlungswärme. Infrarotstrahlung ist eine Art unsichtbares Licht: unsichtbare, langwellige Strahlung. Sie bewegt sich durch den Raum, bis sie auf Materie trifft. Sie dringt mehrere Millimeter tief in die Haut ein und wärmt Menschen, die ihr ausgesetzt sind, gleichsam von innen.

Wer bei einer Schneewanderung das Gesicht in die Sonne hält, spürt, dass es warm wird – selbst wenn die Luft kalt ist. Menschen sind für Strahlungswärme besonders empfänglich, vermutlich weil ihre Körper sich im Laufe der Evolution so entwickelt haben, dass sie Strahlungswärme optimal aufnehmen. Selbst wenn es im Raum kühl ist, wird es am Kamin warm, weil man dort der Wärmestrahlung ausgesetzt ist. Strahlungswärme gilt als besonders angenehm und gesund und wird zum Beispiel in der Schmerztherapie eingesetzt.

Konvektionswärme wird durch erwärmte Luft (oder Wasser) übertragen: Ein Heizkörper oder die erwärmte Seitenwand eines Kamins heizt die Raumluft, die damit in Kontakt kommt. Warme Luft steigt nach oben und verteilt sich im Raum. Manche Öfen haben sogenannte Konvektionskanäle, in die heiße Luft geleitet wird. Konvektionswärme erreicht jeden Winkel im Raum, während von Strahlungswärme nur profitiert, wer direkt im Strahlungsfeld der Wärmequelle ist. Überspitzt heißt es: Konvektionswärme bewirkt, dass man frierend in einem heißen Raum sitzt, Strahlungswärme, dass man mit glühendem Gesicht in einem kalten Raum sitzt.

An altmodischen offenen Kaminen sorgt die Strahlungswärme dafür, dass die Menschen nur von vorn gewärmt werden. Denn die Konvektion lässt die erwärmte Luft durch den Schornstein abziehen. Moderne Kamine mit Glastür und Kaminöfen dagegen vereinen das Beste aus zwei Welten: Durch die Glasscheibe erwärmt die Infrarotstrahlung die Menschen am Feuer, während gleichzeitig Wände und Scheibe die Luft im Raum erwärmen und so effizient heizen.

Pyromantiker und ihre Feuer fürs Wohlbefinden

Die Corona-Pandemie hat gezeigt, wie dramatisch die Lebensumstände zu Hause die seelische und körperliche Gesundheit beeinflussen. Studien, die untersuchen, was Menschen gut tut, welche Rolle das Wohlfühlen in den eigenen vier Wänden spielt und wie und wo Menschen sich entspannen, auftanken und austauschen, gab es aber auch vorher – in Sachen Kaminfeuer.

Immer wieder belegen Studien unterschiedlicher wissenschaftlicher Qualität, was Erfahrung, gesunder Menschenverstand und Bauchgefühl schon wussten: Ein gemütliches Feuer vermittelt ein Gefühl von Geborgenheit, der Blick in die tanzenden Flammen beruhigt rasende Gedanken und die gemütliche Atmosphäre und Wärme des Feuers schaffen eine Stimmung, die gute Gespräche fördert und friedliches Schweigen angenehm macht.

Es ist wie eine gemeinsame Bootsfahrt oder eine Reise im Auto: Man muss nicht reden, wenn es etwas zu sehen gibt und man in Bewegung ist. Genauso wenig muss man reden, wenn man nebeneinander am Feuer sitzt und den Tanz der Flammen beobachtet. Aus der entspannten Ruhe, die so entsteht, entwickeln sich oft besondere Gespräche.

Höhepunkt der olympischen Eröffnungsfeier ist das Entzünden des olympischen Feuers, das Frieden und Völkerverständigung symbolisiert.

Die Studien, die solche Effekte von Kaminfeuern mithilfe von Fragebögen quantifizieren, sind da keine Überraschung. Manche dehnen die Evidenz aus: Weil Menschen, die gern mit anderen am Feuer sitzen, Menschen mit starken sozialen Bindungen seien und starke soziale Bindungen mit einer längeren Lebenserwartung in Zusammenhang stünden, wagen manche den Schluss, dass das Sitzen am Feuer das Leben verlängere. Nachweisen lässt sich das bisher nicht.

Aber das ist auch nicht nötig. Der Feuerökologe und Buchautor Stephen Pyne bezeichnet sich als Pyromantiker – ein Kunstwort aus dem griechischen Pyro für Feuer und Romantiker. Damit meint Pyne Menschen, für die ein echtes Feuer auch heute noch eine wichtige Rolle in ihrem Leben spielt und die die Flammen zur Entspannung, zum Sozialisieren und zur Regelung ihrer Gefühle nutzen. Das Zeug dazu steckt vermutlich in jedem Menschen; es hat nur nicht jeder die Chance, die Feuervorliebe am Kamin zu pflegen.

Nach einem Vulkanausbruch bedeckt Asche den Boden.

Kapitel 11

Epilog: Was vom Feuer übrig blieb: Die Asche

Staub zu Staub

Asche ist der Inbegriff des Endes, der Vernichtung und Zerstörung. Asche ist Zeichen von Trauer und Verzweiflung. Asche ist das, was bleibt, wenn alles vorbei ist, ein stummer Zeuge vergangenen Feuers, und wird deshalb in Literatur und Kunst als starkes Bild bemüht – nichts ist von Dauer.

Asche erinnert an die Vergänglichkeit. Ihr Staubgrau, das keine Farbe enthält, und ihre Fähigkeit, sich als feine Staubschicht auf alles zu legen, steht für Trostlosigkeit, Trauer, für das Ende und das Nichts.

Doch Asche steht nicht nur für einen schwer fassbaren Schrecken, sondern auch für den Neuanfang aus dem scheinbaren Nichts. Das Aschekreuz, das Katholiken sich am Aschermittwoch auf die Stirn zeichnen lassen, ist ein heilswirksames Zeichen. In vielen Ritualen steht Asche für Reinigung und Erneuerung. Der »Phönix aus der Asche« beschreibt den Neubeginn nach einer Niederlage.

Saubere Sache: Reinemachen mit Asche

Weil Asche viele Mineralien wie Kalium, Magnesium, Kalzium und Zink enthält, ist sie basisch. Aschenlauge ist deshalb ein uraltes Reinigungsmittel.[84] Rezepte für ihre Herstellung finden sich bereits vor über 4000 Jahren bei den

Sumerern. Mischt man Asche mit Wasser, so entsteht eine Lauge, mit der man Wäsche reinigen kann. Auch in Europa wusch man mit Holzasche oder Aschenlauge, bis die Kreuzfahrer die Technik des Seifensiedens aus dem Orient mitbrachten. Zur Herstellung von Seife wird tierisches oder pflanzliches Fett mit einer Lauge oder Pottasche (Kaliumkarbonat)[85] versetzt, erhitzt und gerührt.

Weil Asche körnig ist, eignet sie sich auch als Scheuermittel und wird bis heute als biologisch verträgliches Putzmittel empfohlen. Manche Menschen verwenden Asche deshalb auch zum Zähneputzen. Besonders naheliegend ist der Einsatz von Asche als Reinigungsmittel, um Ruß von der Scheibe des Kachelofens oder Heizkamins zu entfernen. Dazu reibt man die Scheibe mit einem feuchten Tuch oder feuchter Zeitung, die in Asche getunkt wurde. (Noch besser freilich ist es, die Verbrennung so zu steuern, dass sich kein Ruß absetzt!)

In vielen Kulturen ist Asche ein Zeichen der Buße und der Reinigung – für Geist und Körper. Die alten Römer badeten zum Neujahrsfest in Asche. Der vedische Feuergott

Schwermetallentsorgung

Seit die Menschen Erze verhütten, also aus der Erde Metalle gewinnen, geraten Metallpartikel mit den Abgasen in die Luft. Sie werden vom Wind verteilt, sinken zu Boden oder werden mit dem Regen in den Boden gespült. Bäume nehmen die gelösten Schwermetalle mit den Wurzeln auf und speichern sie ein Leben lang. Wird das Holz eines Baumes verbrannt und die Asche im Hausmüll entsorgt, entzieht das der Biosphäre Schwermetalle.

Aschepartikel sind so klein und leicht, dass sie schweben können.

Agni reibt sich mit Asche ein, um sich von seinen Sünden zu reinigen. Bei der vedischen Feuerzeremonie Agnithora wird Kuhmist mit Butterschmalz (Ghee) verbrannt. Die Asche, die dabei entsteht, wird äußerlich als Salbe und innerlich als Medikament angewendet. Durch den hohen pH-Wert wirkt die Asche angeblich gegen Bakterien und Pilze.

Der Stoff, aus dem das Leben ist

Und was ist Asche? Auch wenn die Verbrennung optimal läuft, bleibt etwas übrig: Asche ist der feste Rest aus der Verbrennung von organischem Material. Genau genommen ist die Asche der anorganische Teil der verbrannten Substanz, sie besteht aus (oxidierten) Mineralstoffen. Holzasche besteht zu 85 Prozent aus mineralischen Bestandteilen, davon sind fast 20 Prozent Kaliumkarbonat (Pottasche). Die Asche aus der Verbrennung von unbehandeltem Holz kann deshalb gut als Kaliumdünger verwendet werden. Allerdings sollte man pro Jahr nicht mehr als 3 Liter Asche auf 10 Quadratmeter verteilen.

Ist die Asche im Kamin ausgekühlt, gehört sie in den Hausmüll. In kleinen Mengen kann sie aber auch auf den Komposthaufen gegeben werden, denn sie verbessert den Kompostiervorgang. Früher wurde Holzasche vielfältig verwendet, nicht nur als Reinigungsmittel, sondern auch als Füllstoff für Hohlräume in Balkendecken, denn sie ist nicht brennbar und dämmt.

Wenn die Verbrennung im Kamin optimal ist, ist die Asche fein und weiß. Eine 2 bis 3 Zentimeter dicke Ascheschicht im Kaminofen sorgt für eine saubere Verbrennung. Und weil bei einer sauberen Verbrennung nur sehr wenig Rückstände bleiben, haben viele moderne Kaminöfen keinen oder nur einen sehr kleinen Aschekasten. Eine Schicht Asche sollte stets in Ofen und Kamin bleiben, weil sie das nächste Anzünden erleichtert und isoliert. Die Asche des vergangenen Brandes als Grundlage für neue Flammen ist ein schönes Bild. Das tote Mineral steht weniger für das Ende als für ein Kontinuum, das das Feuer für die Erde und im kleinen für Menschen bedeutet: Die Flammen haben die Erde und ihre Bewohner geformt und schaffen noch immer das Umfeld, das Menschen lieben.

Anmerkungen

Kapitel 1/Einführung

1 Pyne, Stephen J.: World Fire. The Culture of Fire on Earth. Washington 1997, S. 15

Kapitel 2

2 Wrangham, Richard: Catching Fire. How Cooking made us Human. New York 2009.

3 Darwin, Charles: The Descent of Man. New York 1871, S. 183.

4 Tylor, Edward Burnett: Researches into the Early History of Mankind and the Development of Civilization. London 1865.

5 Goudsblom, Johan: Feuer und Zivilisation. Heidelberg 2015.

6 Bowman, David u. Brett Murphy P.: Fire and Biodiversity. In: Conservation Biology for all 163 (2010).

7 Dart, Raimond A.: The Makapansgat Proto-Human Australo-Pithecus Prometheus. In: American Journal of Physical Anthropology 6/3 (1948), S. 259–284.

8 James, Steven R. et al.: Hominid Use of Fire in the Lower and Middle Pleistocene: A Review of the Evidence [and Comments and Replies]. In: Current Anthropology 30/1 (1989), S. 1–26.

9 Elias, Norbert u. Heike Hammer: Über den Prozeß der Zivilisation. Frankfurt am Main 1939.

10 Perlès, Catherine: Préhistoire du feu. Paris 1977, S. 126 f.

11 Pyne, Stephen J.: Fire in America. A Cultural History of Wildland and Rural Fire. Washington 2017.

12 Tylor, Edward Burnett: Researches into the Early History of Mankind and the Development of Civilization. London 1865.

13 Wrangham, Richard: Catching Fire. How Cooking made Us Human. New York 2009.

14 Fonseca-Azevedo, Karina u. Suzana Herculano-Houzel: Metabolic Constraint Imposes Tradeoff between Body Size and

Number of Brain Neurons in Human Evolution. In: Proceedings of the National Academy of Sciences 109/45 (2012), S. 18571–18576.
15 Lévi-Strauss, Claude: Das Rohe und das Gekochte. Frankfurt am Main 2008.
16 Henrich, Joseph: The Secret of Our Success. How Culture is driving Human Evolution, Domesticating Our Species, and making Us smarter. Princeton 2015.

Kapitel 3

17 Reichholf, Joseph H.: Warum die Menschen sesshaft wurden. Das größte Rätsel unserer Geschichte. Frankfurt am Main 2010.
18 Burton, Frances D.: Fire. The Spark that ignited Human Evolution. Albuquerque 2011, S. 15.
19 Müller, Renate: Licht und Feuer im ländlichen Haushalt. Lichtquellen und Haushaltsgeräte [Ausstellungskatalog Altonaer Museum]. Hamburg 1994, S. 6.
20 Faber, Alfred: 1000 Jahre Werdegang von Herd und Ofen. Ausgewählte Kapitel aus ihrer technischen Entwicklung bis zu Beginn des 19. Jahrhunderts. München 1950, S. 11.
21 Symons, Michael: A History of Cooks and Cooking. Chicago 2003.
22 Kitchiner, William: Apicius Redivivus. Or, The Cook's Oracle. Wherein Especially the Art of Composing Soups, Sauces, and Flavouring Essences is Made So Clear and Easy… Being Six Hundred Receipts, the Result of Actual Experiments Instituted in the Kitchen of a Physician, for the Purpose of Composing a Culinary Code for the Rational Epicure. London 1817.
23 Laudel, Katja: Feuerherd, Kamin und Ofen. Kochstellen im brandenburgischen Bauernhaus des 17. und 18. Jahrhunderts. In: Mitteilungen der Deutschen Gesellschaft für Archäologie des Mittelalters und der Neuzeit 19 (2007), S. 137–146.

24 Böckler, Georg Andreas: Furnologia Oder: Haushältliche Oefen-Kunst. Frankfurt 1660.

Kapitel 4

25 von Tilbury, Gervasius: Kaiserliche Mußestunden. Stuttgart 2009.

26 Schopenhauer, Johanna: Reise durch England und Schottland. Bad Griesbach 2018, S. 124.

27 Thornton, Peter: Innenarchitektur in drei Jahrhunderten. Die Wohnungseinrichtung nach zeitgenössischen Zeugnissen von 1620. Herford 1985.

28 Tilger, Georg: Die Kamine des Couven-Museums. In: Schön-Warm. Die Kultur des Heizens zwischen Renaissance und Kaiserzeit [Ausstellungskatalog Couven Museum]. Aachen 2009.

29 Dachler, Alfred: Die bäuerliche Beheizung in Frankreich. Wien 1913.

30 Henkel, Matthias: Der Kachelofen. Göttingen 2001.

31 Joly, Victor Charles: Traité pratique du chauffage, de la ventilation et de la distribution des eaux dans les habitations particulières: à l'usage des architectes, des entrepreneurs et des propriétaires. Paris 1873.

32 Faber, Alfred: 1000 Jahre Werdegang von Herd und Ofen. Ausgewählte Kapitel aus ihrer technischen Entwicklung bis zu Beginn des 19. Jahrhunderts. München 1950, S. 13.

33 Thornton, Peter: Innenarchitektur in drei Jahrhunderten. Die Wohnungseinrichtung nach zeitgenössischen Zeugnissen von 1620. Herford 1985.

34 Laß, Heiko: Funktion und Status – Öfen und Kamine im frühneuzeitlichen Schlossbau. In: Olaf Wagener (Hg.): Feuernutzung und Brand in Burg, Stadt und Kloster im Mittelalter und in der Frühen Neuzeit. Petersberg 2015, S. 210–218.

35 Siehe die Sammlung Alter Kamin-, Taken- und Offenplatten von Matthias Kremer unter https://www.kaminplattensammlung-kremer.de/geschichtliches/geschichte-der-heiztechnik.

Kapitel 5

36 Faber, Alfred: 1000 Jahre Werdegang von Herd und Ofen: ausgewählte Kapitel aus ihrer technischen Entwicklung bis zu Beginn des 19. Jahrhunderts. München 1950, S. 13.
37 Henkel, Matthias: Der Kachelofen. Göttingen 2001.
38 Kersting, Ulrike u. Gunvor Lindström: Kacheln als Bekenntnisträger. Ein Reformationsofen aus Zossen in Brandenburg. In: Das Altertum 62 (2017), S. 127–150.
39 Hallenkamp-Lumpe, Julia: Das Bekenntnis am Kachelofen? Überlegungen zu den sogenannten »Reformationskacheln«. In: Carola Jäggy (Hg.): Archäologie der Reformation: Studien zu den Auswirkungen des Konfessionswechsels auf die materielle Kultur. Berlin 2007, S. 323–343.
40 Baumer, Johann Paul: Beschreibung eines zu Erspahrung des Holtzes eingerichteten Stuben-Ofens, welche den von dem Königl. Preussischen General-Ober-Finanz-Kriegs- und Domainen-Directorio durch die Königliche Academie der Wissenschaften ausgesetzten Preis auf das Jahr 1764 gewonnen hat: nebst noch zwoen andern Abhandlungen, welche ihr den Preis streitig gemacht haben. Berlin 1765.
41 Wernicke, Friedrich: Die tonerdehaltigen feuerfesten Baustoffe. In: Friedrich Wernicke. Die Herstellung der feuerfesten Baustoffe. Heidelberg 1921, S. 85–175.

Kapitel 6

42 Hauser, Albert: Die Forstwirtschaft der »Hausväter«. In: Schweizerische Zeitschrift für Forstwesen (1966), S. 38.
43 Radkau, Joachim: Holz. Wie ein Naturstoff Geschichte schreibt. München 2007, S. 22.
44 Bauer, Ernst: Reasons for the Great Loss of Woodland in Spain. In: Forst und Holz (1997).
45 Toynbee, Arnold: Der Gang der Weltgeschichte. Aufstieg und Verfall der Kulturen. Stuttgart 1954.

46 Brewer, Priscilla J.: From Fireplace to Cookstove: Technology and the Domestic Ideal in America. Syracuse. 2000.

47 Higginson, Thomas Wentworth: Life of Francis Higginson, First Minister in the Massachusetts Bay Colony, and Author of »New England's Plantation« (1630). New York 1891, S. 102.

48 Roberts, Neal et al.: Europe's lost Forests. A Pollen-based Synthesis for the last 11,000 years. In: Scientific reports 8/1 (2018), S. 1–8.

49 Vaillant, John: The goldenSspruce. A True Story of Myth, Madness and Greed. New York 2007.

50 Radkau, Joachim: Holz. Wie ein Naturstoff Geschichte schreib., München 2007, S. 22.

51 Schubert, Ernst: Scheu vor der Natur – Ausbeutung der Natur. Formen und Wandlungen des Umweltbewußtseins im Mittelalter. In: Ernst Schubert (Hg.): Von der Angst zur Ausbeutung. Umwelterfahrung zwischen Mittelalter und Neuzeit. Frankfurt am Main, 1994, S. 13–58.

52 Mytting, Lars: Der Mann und das Holz. Vom Fällen, Hacken, Feuermachen. Frankfurt am Main 2014.

Kapitel 7

53 Ebd.

54 Frost, Robert: The collected Poems of Robert Frost. New York 2016.

55 Parts per Millio = Volumenanteile CO2 auf eine Million Anteile Luft.

56 1 Gigatonne = 1 Milliarde Tonnen oder 1 Billion Kilogramm.

57 Am 11.12.1997 beschlossen die Vereinten Nationen in der japanischen Stadt Kyoto ein Protokoll zum »Rahmenübereinkommen der Vereinten Nationen über Klimaänderungen.«

58 Statistisches Bundesamt: https://www.destatis.de/DE/Presse/Pressemitteilungen/2021/08/PD21_N050_41.html.

59 AGEE-Stat: Erneuerbare Energien in Deutschland. Daten zur Entwicklung im Jahr 2020. Dessau-Rosslau, 2023, S. 11.

60 Mantau, Udo: Holzrohstoffbilanz Deutschland. Entwicklungen und Szenarien des Holzaufkommens und der Holzverwendung von 1987 bis 2015. Hamburg 2012.

Kapitel 8

61 1 Nanometer = 0,000.001 Milimeter; 1000 Nanometer = 1 Mikrometer.

62 Nagl, Christian et al.: Air Quality and Urban Traffic in the EU. Best Practices and Possible Solutions. Brüssel 2018.

63 Bundes-Immissionsschutzgesetz §26.

64 Behnke, Anja u. Bernd-Michael Kemper: Heizen mit Holz. Ein Ratgeber zum richtigen und sauberen Heizen. Berlin 2013.

Kapitel 9

65 *formes* = lat. Zündstoff.

66 Gnegel, Frank: Feuerzeugs. Schwefelhölzer, Zündmaschinen [Begleitbuch zur Wanderaustellung des Westfälischen Museumsamts]. Münster 1994.

67 Ders.: Feuerstein und Feuerstahl [Internetseite] 2015.

68 Brenker, Fabian: Eine zündende Erfindung. Das Döbereiner Platin-Feuerzeug. In: KulturGut: aus der Forschung des Germanischen Nationalmuseums, (64), Nürnberg, 2020, S. 1-3.

69 Gnegel, Frank: Feuerzeugs: Schwefelhölzer, Zündmaschinen [Begleitbuch zur Wanderaustellung des Westfälischen Museumsamts]. Münster 1994.

70 Gast, Otto: Auf dem Gabentisch anno 1844. Der allererste »Struwwelpeter«. In: KulturGut. Aus der Forschung des Germanischen Nationalmuseums 23 (2009), S. 8–12.

71 Boettger, Caesar Rudolf: Hundert Jahre schwedische Zündhölzer. Wiesbaden 1951.

72 Hoepfner, Curt: Die Zusammenschlußbewegung der deutschen Zündholzindustrie unt. bes. Berücks. d. schwed. Einflusses. Rostock 1928.

73 Partnoy, Frank: Der Zündholzkönig. Ivar Kreuger, Finanzgenie und Wegbereiter eines Jahrhunderts von Wall-Street-Skandalen. München 2013.

74 Huhle, Fritz: Die Zündholzindustrie in Westdeutschland. In: Wirtschaftsdienst 31/12 (1951), S. 48 f.

Kapitel 10

75 Lynn, Christopher Dana: Hearth and Campfire Influences on Arterial Blood Pressure. Defraying the Costs of the Social Brain through Fireside Relaxation. In: Evolutionary Psychology 12/5 (2014).

76 McClenon, James: Wondrous Healing. Shamanism, Human Evolution, and Origin of Religion. Dekalb 2001.

77 Dunbar, Robin I. u. John A. Gowlett: Fireside Chat. The Impact of Fire on Hominin Socioecology. In: Robin Dunbar, Clive Gamble u. John a. Gowlett (Hg.): Lucy to Language. The Benchmark Paper. Oxford 2014, S. 277–296.

78 L. Coolidge, Frederick u. Thomas Wynn: The Evolution of Working Memory. In: L'Année psychologique 2 (2020), S. 10–134.

79 Karlsson, Bodil. S. A., Maria Håkansson, Jonas Sjöblom u. Henrik Ström: Light my Fire but don't choke on the Smoke. Wellbeing and Pollution from Fireplace Use in Sweden. In: Energy Research & Social Science 69 (2020).

80 Wiking, Meik: The Little Book of Hygge. The Danish Way to Live Well. London 2016.

81 Arabatzis, Garyfallos u. Chrisovalantis Malesios: Pro-environmental Attitudes of Users and Non-Users of Fuelwood in a Rural Area of Greece. In: Renewable and Sustainable Energy Reviews 22 (2013), S. 621–630.

82 Bachelard, Gaston: Psychoanalyse des Feuers. Frankfurt am Main 1959.

83 Ebd., S. 23.

84 Girtler, Roland: Aschenlauge. Die alte Kultur der Bauern. Göttingen 2021.

85 Kaliumkarbonat wurde früher aus Holz- oder Seetangasche ausgewaschen und in Töpfen (»Pötten«) engedampft, daher der Name Pottasche, aus dem über das englische *potash* Potassium für Kalium wurde.

Literatur

Arabatzis, Garyfallos u. Chrisovalantis Malesios: Pro-environmental Attitudes of Users and Non-Users of Fuelwood in a Rural Area of Greece. In: Renewable and Sustainable Energy Reviews 22 (2013), S. 621–630.

Bachelard, Gaston: Psychoanalyse des Feuers. Frankfurt am Main 1959.

Bauer, Ernst: Reasons for the Great Loss of Woodland in Spain. In: Forst und Holz (1997).

Baumer, Johann Paul: Beschreibung eines zu Erspahrung des Holtzes eingerichteten Stuben-Ofens, welche den von dem Königl. Preussischen General-Ober-Finanz-Kriegs- und Domainen-Directorio durch die Königliche Academie der Wissenschaften ausgesetzten Preis auf das Jahr 1764 gewonnen hat: nebst noch zwoen andern Abhandlungen, welche ihr den Preis streitig gemacht haben. Berlin 1765.

Behnke, Anja und Bernd-Michael Kemper: Heizen mit Holz. Ein Ratgeber zum richtigen und sauberen Heizen. Berlin 2013.

Böckler, Georg Andreas: Furnologia Oder: Haushältliche Oefen-Kunst. Frankfurt am Main 1660.

Boettger, Caesar Rudolf: Hundert Jahre schwedische Zündhölzer. Wiesbaden 1951.

Bowman, David u. Brett Murphy P.: Fire and Biodiversity. In: Conservation Biology for all 163 (2010).

Brenker, Fabian: Eine zündende Erfindung. Das Döbereiner Platin-Feuerzeug. In: KulturGut. Aus der Forschung des Germanischen Nationalmuseums 64 (2020), S. 1–3.

Brewer, Priscilla J.: From Fireplace to Cookstove: Technology and the Domestic Ideal in America. Syracuse 2000.

Bundesministerium der Justiz/Immissionsschutzgesetz: https://www.gesetze-im-internet.de/bimschg/__26.html

Burton, Frances D.: Fire. The Apark that ignited Human Evolution. Albuquerque 2011, S. 15.

Dachler, Anton: Die bäuerliche Beheizung in Frankreich. Wien 1913.

Dart, Raimond A.: The Makapansgat Proto-Human Australo-Pithecus Prometheus. In: American Journal of Physical Anthropology 6/3 (1948), S. 259–284

Darwin, Charles: The Descent of Man. New York 1871, S. 183.

Dunbar, Robin I. u. John A. Gowlett: Fireside Chat. The Impact of Fire on Hominin Socioecology. In: Robin Dunbar, Clive Gamble u. John a. Gowlett (Hg.): Lucy to Language. The Benchmark Paper. Oxford 2014, S. 277–296.

Elias, Norbert u. Heike Hammer: Über den Prozeß der Zivilisation. Frankfurt am Main 1939.

Faber, Alfred: 1000 Jahre Werdegang von Herd und Ofen: ausgewählte Kapitel aus ihrer technischen Entwicklung bis zu Beginn des 19. Jahrhunderts. München 1950.

Fonseca-Azevedo, Karina u. Suzana Herculano-Houzel: Metabolic Constraint Imposes Tradeoff Between Body Size and Number of Brain Neurons in Human Evolution. In: Proceedings of the National Academy of Sciences 109/45 (2012), S. 18571–18576.

Frost, Robert: The Collected Poems of Robert Frost. New York 2016.

Gast, Otto: Auf dem Gabentisch anno 1844. Der allererste »Struwwelpeter«. In: KulturGut: Aus der Forschung des Germanischen Nationalmuseums 23 (2009), S. 8–12.

Girtler, Roland: Aschenlauge. Die alte Kultur der Bauern. Göttingen 2021.

Gnegel, Frank: Feuerzeugs. Schwefelhölzer, Zündmaschinen [Begleitbuch zur Wanderaustellung des Westfälischen Museumsamts]. Münster 1994.

–: Feuerstein und Feuerstahl: https://gnegel.de/index.php/feuerstein-und-feuerstahl/

Goudsblom, Johan: Feuer und Zivilisation. Heidelberg 2015.

Hallenkamp-Lumpe, Julia: Das Bekenntnis am Kachelofen? Überlegungen zu den sogenannten »Reformationskacheln«. In: Carola Jäggy (Hg.): Archäologie der Reformation: Studien zu den Auswirkungen des Konfessionswechsels auf die materielle Kultur. Berlin 2007, S. 323–343.

Hauser, Albert: Die Forstwirtschaft der »Hausväter«. In: Schweizerische Zeitschrift für Forstwesen (1966), S. 38.

Henkel, Matthias: Der Kachelofen. [E-Diss Universität Göttingen: https://ediss.uni-goettingen.de/handle/11858/00-1735-0000-0022-5D37-E]. Göttingen 2001.

Henrich, Joseph: The Secret of Our Success. How Culture is driving Human Evolution, Domesticating Our Species, and making Us smarter. Princeton 2015.

Higginson, Thomas Wentworth: Life of Francis Higginson, First Minister in the Massachusetts Bay Colony, and Author of »New England's Plantation« (1630). New York, 1891, S. 102

Hoepfner, Curt: Die Zusammenschlußbewegung der deutschen Zündholzindustrie unt. bes. Berücks. d. schwed. Einflusses. Rostock 1928

Huhle, Fritz: Die Zündholzindustrie in Westdeutschland. In: Wirtschaftsdienst 31/12 (1951).

James, Steven R. et al.: Hominid Use of Fire in the Lower and Middle Pleistocene. A Review of the Evidence [and Comments and Replies]. In: Current Anthropology 30/1 (1989).

Joly, Victor Charles: Traité pratique du chauffage, de la ventilation et de la distribution des eaux dans les habitations particulières: à l'usage des architectes, des entrepreneurs et des propriétaires. Paris 1873.

Karlsson, Bodil. S.A., Maria Håkansson, Jonas Sjöblom u. Henrik Ström: Light my Fire but don't choke on the Smoke. Wellbeing and Pollution from Fireplace Use in Sweden. In: Energy Research & Social Science 69 (2020).

Kersting, Ulrike u. Gunvor Lindström: Kacheln als Bekenntnisträger. Ein Reformationsofen aus Zossen in Brandenburg. In: Das Altertum 62 (2017), S. 127–150.

Kitchiner, William: Apicius Redivivus: Or, The Cook's Oracle: Wherein Especially the Art of Composing Soups, Sauces, and Flavouring Essences is Made So Clear and Easy... Being Six Hundred Receipts, the Result of Actual Experiments Instituted in the Kitchen of a Physician, for the Purpose of Composing a Culinary Code for the Rational Epicure. London 1817.

Kremer, Matthias: https://www.kaminplattensammlung-kremer.de/geschicht%20liches/geschichte-der-heiztechnik.

L. Coolidge, Frederick und Thomas Wynn. The Evolution of Working Memory. In: L'Année psychologique 2 (2020), S. 10–134.

Laß, Heiko: Funktion und Status – Öfen und Kamine im frühneuzeitlichen Schlossbau. In: Olaf Wagener (Hg.): Feuernutzung und Brand in Burg, Stadt und Kloster im Mittelalter und in der Frühen Neuzeit. Petersberg 2015.

Laudel, Katja: Feuerherd, Kamin und Ofen. Kochstellen im brandenburgischen Bauernhaus des 17. und 18. Jahrhunderts. In: Mitteilungen der Deutschen Gesellschaft für Archäologie des Mittelalters und der Neuzeit 19 (2007), S. 137–146.

Lévi-Strauss, C.: Das Rohe und das Gekochte. Suhrkamp 2008.

Lynn, Christopher Dana: Hearth and Campfire Influences on Arterial Blood Pressure. Defraying the Costs of the Social Brain through Fireside Relaxation. In: Evolutionary Psychology 12/5 (2014).

Mantau, Udo: Holzrohstoffbilanz Deutschland. Entwicklungen und Szenarien des Holzaufkommens und der Holzverwendung von 1987 bis 2015. Hamburg 2012.

McClenon, James: Wondrous Healing. Shamanism, Human Evolution, and Origin of Religion. Dekalb 2001.

Müller, Renate: Licht und Feuer im ländlichen Haushalt. Lichtquellen und Haushaltsgeräte [Ausstellungskatalog Altonaer Museum]. Hamburg 1994.

Mytting, Lars: Der Mann und das Holz. Vom Fällen, Hacken, Feuermachen. Frankfurt am Main 2014.

Nagl, Christian et al.: Air Quality and Urban Traffic in the EU. Best Practices and Possible Solutions. Brüssel 2018.

Partnoy, Frank: Der Zündholzkönig. Ivar Kreuger, Finanzgenie und Wegbereiter eines Jahrhunderts von Wall-Street-Skandalen. München 2013.

Perlès, Catherine: Préhistoire du feu. Paris, 1977.

Pyne, Stephen J.: World fire. The Culture of Fire on Earth. Washington 1997.

–: Fire in America. A Cultural History of Wildland and Rural Fire. Washington 2017.

Radkau, Joachim: Holz. Wie ein Naturstoff Geschichte schreibt. München 2007.

Reichholf, Joseph H.: Warum die Menschen sesshaft wurden. Das größte Rätsel unserer Geschichte. Frankfurt am Main 2010.

Roberts, Neal et al.: Europe's lost Forests. A Pollen-based Synthesis for the last 11,000 years. Scientific reports 8(1), S. 1–8.

Schopenhauer, Johanna: Reise durch England und Schottland. Bad Griesbach 2018.

Schubert, Ernst: Scheu vor der Natur – Ausbeutung der Natur. Formen und Wandlungen des Umweltbewußtseins im Mittelalter. In: Ernst Schubert (Hg.): Von der Angst zur Ausbeutung. Umwelterfahrung zwischen Mittelalter und Neuzeit. Frankfurt am Main 1994, 13–58.

Statistisches Bundesamt: https://www.destatis.de/DE/Presse/Pressemitteilungen/2021/08/PD21_N050_41.html.

Symons, Michael: A History of Cooks and Cooking, Chicago, 2003.

Thornton, Peter: Innenarchitektur in drei Jahrhunderten. Die Wohnungseinrichtung nach zeitgenössischen Zeugnissen von 1620. Herford 1985.

Tilger, Georg: Die Kamine des Couven-Museums. In: SchönWarm. Die Kultur des Heizens zwischen Renaissance und Kaiserzeit [Ausstellungskatalog Couven Museum]. Aachen 2009.

Toynbee, Arnold: Der Gang der Weltgeschichte: Aufstieg und Verfall der Kulturen. Stuttgart 1954.

Tylor, Edward Burnett: Researches into the Early History of Mankind and the Development of Civilization, London 1865.

Vaillant, John: The golden Spruce. A True Story of Myth, Madness and Greed. München 2007.

von Tilbury, Gervasius: Kaiserliche Mußestunden. Stuttgart 2009.

Wernicke, Friedrich: Die tonerdehaltigen feuerfesten Baustoffe. In: Friedrich Wernicke: Die Herstellung der feuerfesten Baustoffe. Heidelberg 1921, S. 85–175.

Wiking, Meik: The Little Book of Hygge: The Danish Way to Live Well. London 2016.

Wrangham, Richard: Catching Fire. How Cooking Made Us Human. New York 2009.

Bildnachweise

S. 10: Martin Sanchez/unsplash, S. 13: Josep Castells/unsplash, S. 15: Robert Harding/Alamy, S. 16: Manyu Varma/unsplash, S. 18: Landon Pareneau/unsplash, S. 21: Andrii Chagovets/istock, S. 23: Marcus Kauffman/unsplash, S. 24: Jo-Anne McArthur/unsplash, S. 25: Matt Palmer/unsplash, S. 27: SATourism/Greatstock/Alamy, S. 31: Yaroslav Konyk/unsplash, S. 34: Benjamin DeYoung/unsplash, S. 37: Ben Molyneux/Alamy, S. 38: Norbert Kaiser, S. 41: Global Pics/istock, S. 45: Stefania Valvola/Alamy, S. 47: Sächsische Landesbibliothek, Dresden, S. 48: Raga Jose Fuste/Prisma by Dukas Presseagentur GmbH/Alamy, S. 51: Granger, NYC/Interfoto, S. 54: AXP photography/unsplash, S. 55: Bill Waterson/Alamy, S. 58: Erik Lernestål/Skokloster, S. 60: Toni Schneiders/Interfoto, S. 61: Kunstsammlungen der Veste Coburg, S. 62: Johner Images/Alamy, S. 67: Spartherm, S. 69: Grethe Ulgjell/Alamy, S. 72: Edgar Bullon/Adobe Stock, S. 75: simonestorelli/Adobe Stock, S. 77: Eilis Garvey/unsplash, S. 81: Daniel Sessler/unsplash, S. 83: image BROKER/Fotothek Mai Leipzig/imago, S. 87: Grethe Ulgjell/istock, S. 89: Andrii Koval/Adobe Stock, S. 94: Lisa Heeke/unsplash, S. 101: Max Blain/Adobe Stock, S. 105: Federico Magonio/Alamy, S. 108: Julian Hochgesang/unsplash, S. 111: Ben Wicks/unsplash, S. 113: Umweltbundesamt 2025, S. 116: Spartherm, S. 120: Nils Keyland, S. 122: Caleb Jack/unsplash, S. 123: Lilly M, S. 125: Sydney Morning Herald/SuperStock/Alamy, S. 128: gameover/Alamy, S. 131: Vaidas Bucys/Alamy, S. 134: The Picture Art Collection/Alamy, S. 138: Dave Goudreau/unsplash, S. 147: Rebecca Peterson Hall/unsplash, S. 151: Vasilis Ververidis/Alamy, S. 154: Lucas Myers/unsplash, S. 157: Thomas Griesbeck/unsplash.

Mit freundlicher Unterstützung
der Gerhard Manfred Rokossa-Stiftung

Bibliografische Information der Deutschen Nationalbibliothek

Die Deutsche Nationalbibliothek verzeichnet diese
Publikation in der Deutschen Nationalbibliografie;
detaillierte bibliografische Daten sind im Internet
über http://dnb.d-nb.de abrufbar.

www.wallstein-verlag.de
Vom Verlag gesetzt aus der Stempel Garamond und der Raleway
Umschlaggestaltung: Susanne Gerhards, Düsseldorf
Umschlagabbildung: Benjamin Deyoung/unsplash
Fotoredaktion: Tanja Foley, Hamburg
Druck und Verarbeitung: Pustet, Regensburg

978-3-8353-5636-8